U0284900

绿 色 中 国 茶 山 行

南糯山：以茶之名

周重林◎著

杨静茜　罗安然　李姝琳◎编著

云南人民出版社

图书在版编目（CIP）数据

南糯山：以茶之名 / 周重林著；杨静茜，罗安然，李姝琳编著. -- 昆明：云南人民出版社，2024.2
（绿色中国茶山行）
ISBN 978-7-222-20575-8

Ⅰ. ①南… Ⅱ. ①周… ②杨… ③罗… ④李… Ⅲ. ①茶文化－云南 Ⅳ. ①TS971.21

中国国家版本馆CIP数据核字(2023)第078532号

责任编辑：高　照
责任校对：陈　锴　白　帅
装帧设计：昆明昊谷文化传播有限公司
责任印制：李寒东

绿色中国茶山行

南糯山：以茶之名
NANNUO SHAN：YI CHA ZHI MING

周重林　著
杨静茜　罗安然　李姝琳　编著

出　版　云南人民出版社
发　行　云南人民出版社
社　址　昆明市环城西路609号
邮　编　650034
网　址　www.ynpph.com.cn
E-mail　ynrms@sina.com
开　本　720mm×1010mm　1 / 16
印　张　14.25
字　数　120千
版　次　2024年2月第1版第1次印刷
印　刷　云南出版印刷集团有限责任公司国方分公司
书　号　ISBN 978-7-222-20575-8
定　价　69.00元

云南人民出版社微信公众号

如需购买图书、反馈意见，请与我社联系

总编室：0871-64109126　编辑部：0871-64199971　审校部：0871-64164626　印制部：0871-64191534

与我们一起轻松喝杯茶
（总序）

亲爱的读者朋友，当如此装帧清雅、赏心悦目的茶书摆到您的面前时，我相信您一定会喜欢的。而且，在一个生活节奏越来越快、日益繁劳的时代，这样优美的茶书，它是助您去烦放松、静心喝茶的佳友。

茶源于中国，从唐代起向海外不断传播，逐渐发展成世界性三大著名饮品之一，还在各国衍生出了丰富多彩的茶文化。

古今中外，一直有许许多多的人在咏茶、论茶、研究茶。当下，随着茶产业的迅猛发展，虽然已有各种各样的茶书出版问世，但一个不容乐观的现实问题是许多人并不懂茶，茶文化距大众也有相当距离。尤其是，在波涛汹涌、眼花缭乱的世界多元文化浪潮冲击下，不少人因缺乏引导而对中国古老的茶文化了解不多，认同也不够。

虽然有识之士早就呼吁将茶作为"国饮"，但仍有不少人每每被流行于西方国家的可乐、咖啡等为代表的"快餐文化"所迷惑。此外，一些不良商家为牟取暴利而炒作天价知名茶叶，甚至有个别人的相关专著与文章把茶文化搞成了仅为极少数人把玩的"玄文化"，弄得神神秘秘、高深莫测，令许多普通人对茶饮乃至茶文化难免有些望而却步。

有鉴于此，为了让更多的好茶者愉快且明白地品茶，使更多的人喜欢喝茶，促进茶文化走出书斋、走下神坛、回归大众，一些富有远见的智者、机构等都在努力并付出着。

早在2020年底，作为这套茶书的主要发起人和策划者，我们当时设想的就是让本套茶书好读、好看、长知识，成为大家买茶饮茶的向导和认知博大精深的中华茶文化之实用助手。

所谓好读，是要用万众人都觉通俗易懂的语言文字书写，让大家一读就懂，读了就爱，毫不费力。我们不愿意把这些茶书写成玩弄各种抽象概念的理论著作，故而创作时，我们力求化繁为简，直截了当，适应社会大众需求。

因此，为了增强本丛书的可读性，我们还致力于讲好中国茶故事。

纵观我国浙江、福建、云南、安徽、四川等

众多产茶区，自古以来就都拥有历史悠久、内涵丰富的茶故事。譬如，近些年异军突起的云南普洱茶，其独有的一大优势就是茶区丰富多彩的民族文化故事。在西双版纳、普洱、临沧、德宏、保山这些云南茶叶主产区的各个山头，世代居住着一些云南特有的少数民族，其中有几个还是人口较少民族，比如基诺族、布朗族、拉祜族等。这些少数民族在各自所生活的茶山中从古代起就与茶相伴，以茶为生，久而久之形成了各具特色的茶山民族文化。他们为我国茶文化和茶产业的形成与发展做出了很有意义的贡献。

所以，努力挖掘与整理好国内这些著名茶山背后的故事，是本丛书的一大着力点和亮点。

至于好看，我认为，就是书的装帧设计一定要美观，书内应多放图片。相较于其他书，在我心目中茶书应当而且更要好看。如今是读图时代，一图胜千言，书必须图文并茂，如此才更能吸引人且有助于理解。所以，我们在每本书中都插入了大量的照片，这既增加了真实性、现场感，也是为了让大家在阅读尽量减轻看文字的视觉疲劳，读来轻松不累，如喝一杯茶汤明亮、回甘可口的普洱好茶。

同时，注意避免书的厚重，努力减轻读者阅读时的心理负担。要让读者不论是在上班路上，还是乘飞机、高铁途中都能携带方便。

与此同时，本丛书还希望帮助读者诸君、各位茶友在阅读后，能增长有关茶叶发展、茶山历史、民族文化以及风味品饮等方面的知识，助力大家懂得喝茶、好好饮茶。

有鉴于此，为实现上面的目标，我们要求丛书作者必须是对各地茶叶及茶山历史文化等方面有深入研究的专家学者，也就是说，对作者的要求较高。因为，只有高水平的作者才能为读者奉献出高品质的茶书作品。

当前，中国茶文化与茶产业发展均已迎来了最好的历史机遇。同时，我们又处在百年未有之大变局的时代，世界并不太平，国家间冲突不断，战争时有发生，人类生存环境恶化加剧，中华传统茶文化中的"茶和天下"之精神亟须得到进一步弘扬。

这里，我想起了美国著名汉学家梅维恒教授几句意味深长的话："尽管茶有益健康，有一定的医疗效果，但从根本上讲，它不是草药，而是一天里的生活节奏，是必要的片刻小憩，是一种哲学。随着世界的喧嚣渐渐退去，地球越来越小，茶成了我们对宁静和交流的追寻。以这样的心情喝茶，健康、知足、宁静恒一的生活会一直伴随着你。"

我们衷心希望广大读者、茶友通过这套丛书，体验一次美妙的中国茶山之旅，从而更好地认识我国历久弥香、生机勃勃的茶文化，也期盼世界各地能有更多的人爱上茶、经常喝茶，让品茗提升做人的修养，增进身体健康，改善我们的生活！

任维东

2021年12月18日

序言

为什么云南的茶山能够
支撑起持久的书写与研究？

周重林

经常有人问我，云南的古茶山你都走遍了吧？

我仔细想了下，回答："大约走了一大半，还有很多没有去过。"

云南古茶山有多少？没有明确的答案。我们熟知的西双版纳、普洱、临沧、保山、德宏、大理有着数目众多的古茶山，我们不太熟悉的红河、文山、曲靖也有古茶山。云南好些地方还有古茶园，我也是最近一段时间才知道，比如怒江，那里的老姆登茶品质还不错。当然，昭通也有茶园，丽江也有茶园，这些都是近二三十年新建的茶园。

2022年，在官方给出的《普洱茶名山名典》

里，收录了108座云南知名普洱茶山头。我拿着名单问过不少资深茶人，都到过没有？目前为止，没有一个人说自己都去过。这至少说明，云南知名茶山确实多，多到即便资深茶人，也有望洋兴叹之感。再一个，也没有必要去那么多古茶山，经典的茶山就那么几个。现在云南热门山头，有古六大茶山（攸乐、革登、莽枝、易武、倚邦、蛮砖），新六大茶山（南糯、布朗、勐宋、巴达、帕沙、景迈），还有冰岛五寨（冰岛老寨、地界、南迫、坝歪、糯伍）。许多作家，也把自己极大的热情献给了这些地方。

自蒋铨在《古"六大茶山"访问记》里倡导考察茶山以来，到云南进行茶山考察已然成为茶人的一门必修课。从2004年开始，我带着团队沿着蒋铨的足迹，完完整整地探访了古六大茶山，先后写了《天下普洱》《云南茶典》《茶叶江山》《易武与古六大茶山》《新茶路：在革登与倚邦之间》。后来又对新六大茶山进行探访，写了《造物记：云南古茶园的秘密》《新茶路：普洱茶王老班章》。在勐库探访，写了《茶叶边疆：勐库寻茶记》。2020年，在知名媒体人任维东先生的倡导下，我又带着团队写了《南糯山：以茶之名》。

为什么云南的茶山能够支撑起那么持久的书写与研究？

有三个原因。第一，有历史足够悠久的古茶园。云南有数量众多的古茶园，而这些古茶园的研究长期以来都是一个空白。云南古茶园过去仅仅以资源的面貌存活，或者以某一类型的茶树获得过世人关注，比如各地的茶树王，之前有着证明云南为世界茶树原产地的需求（"茶叶之国"什么的），证明中国是资源型大国的需求（"植物王国"什么的），现在则是商业吸引眼球的需求（老班章茶王、冰岛茶王都是单株价格百万起）。这些是古茶园魅力的构成元素，但远远不只是这些，挖掘云南古茶园的秘密，成为近二十年来云南古茶园书写的一大动力。这方面，云南出现了很多杰出的茶山书写者。

第二，有历史足够悠久的茶叶制作与品饮传统。云南茶山有特色鲜明的民族，他们的制茶方式、饮茶方式形成了独到的茶俗，深深影响了世界文明的进程。滇红茶制作技艺、普洱茶贡茶制作技艺、普洱茶大益茶制作技艺、下关沱茶制作技艺、德昂族酸茶制作技艺以及茶俗白族三道茶在2022年被列入人类非物质文化遗产代表作名录。云南境内，至今还保留着从茶树种植到茶园管理的最古老的方式。在全球几乎所有茶园都用扦插技术的今天，云南还保留着古老的种子培育，实生苗移植，藤条茶管理方式，还保留着吃鲜叶、吃老枝、用竹筒来煮茶、用竹筒来腌茶等古老的习惯。

第三，古老的茶马古道带来饮茶的融合与交流。如果没有茶马古道，如果茶树只是长在山上，没有人制作、品饮与消费，那么这种茶树与其他树有什么区别？有什么可歌可泣的事迹？有茶树，有人为规模种植的古茶园，有人品饮，并把自己认为好的茶带给周边的人群，茶的消费圈才形成了不同的半径，直达世界各地。在已知的国家与地区，没有不饮茶的。比较而言，有些地方没有咖啡，没有酒。在已知的宗教里，也有排斥酒与咖啡的，但茶是大家都能接受的。茶一旦与一个地方的民族文化融合，就会壮大这个民族的文化，形成自己独特的茶文化，延续千年。在老曼峨，现在结婚还要带着竹筒茶做的茶礼去提亲。这个风俗在宋代称为"吃茶"，是婚聘必备，现在因为布朗族的留存风俗而让我们相信宋人诚不欺我。

古茶园、古民族与古道，是我研究云南茶山的"三板斧"，呈现为文字后就是古老的制作技法、古老的茶园管理方法以及古老的饮品方式……有着追之不尽的乐趣，后来我把这个研究方法写进了《茶马古道文化线路研究报道》里，成为国家层面处理茶马古道遗产的方法。

具体到南糯山，这个我无数次造访的茶山，一直给我言之不尽的惊喜。表面上看，澜沧江把茶区分为江内茶与江外茶，但懂行的知道，西双版纳茶山的真实分界，是从南糯山开始。

我希望你的阅读也从南糯山开始，在这里，不仅有古老的茶园，还有古老的民族、古老的饮茶习俗。我的笔墨不能呈现出南糯山万分之一的精彩，只恳求你有空上山随处走走，那些美好目遇而成。

我的许多茶山知识，来自一位低调而谦逊的兄长樊露。在勐宋雨林庄园里，有一个小茶亭，我们经常坐在那里品茶聊天，他会为我们讲述他对茶山的理解，对古茶园的理解，为什么有些地方的茶是苦的，为什么有些地方的茶是甜的，当地人是怎么看待茶的苦与甜……我仍然记得某一天，说起曼糯这个地方的时候，他说这里很奇怪，是勐海唯一一个采摘三到四叶茶的地方，很像易武。

为什么会这样呢？我实地考察后，发现这里也是勐海唯一一个有藤条茶的地方。曼糯居住着布朗族，为什么这里会有藤条茶的采摘方式？我追问了很久，得出一个结论，只有在茶马古道的要道上，才会保留藤条茶的工艺。曼糯这样，张家湾这样，昔归这样，勐库东半山也这样，因为他们对鲜叶的需求，一直都在的，不受外在经济周期影响。藤条茶采摘很容易失传，往往比邻的村寨，一个村寨的人会，另一个村寨的人不会。

它是一种繁杂的技术，很容易失传，于是我就建议云南省非遗中心的同仁，把这门茶叶采摘技术单独申报为非物质文化遗产。

藤条茶这种工艺与茶马古道繁荣的这种看法，我写《造物记：云南古茶园的秘密》时还没有形成，所以那本书里没有写到。我要说的是，像樊露这样，在一线做茶的人，他去过许多地方，看过很多茶园，他不一定会有写作的愿望，但他对茶园的思考，是非常有价值的。而像我这样的书写者，要做的，往往就是把这些思考与想法呈现出来。这些年，樊露资助了许多像我这样的茶文化研究者，让云南古茶树被更多人看到、品饮。

雨林茶道院院长张敏是我无数次上茶山的向导，他认真、好学，是我学习的榜样。说句过分的话，他带过数万人上茶山，这数字恐怕短时间内无人能超越。我的创作团队里，杨静茜是我在云南大学中文系的师妹，从云南大学茶马古道文化研究所开始，我们共事了十多年的时间，一起去了太多的地方，写了几十本书（真的有那么多），是那种可以聊很多话题的小师妹。罗安然与李姝琳都是云南农业大学毕业，按照现在茶学的分类，她们两位才是科班出身，所以她们的专业知识，让我们团队的专业知识不至于有所偏离。

最后，云南茶山为什么能支撑起那么多的研究与书写？是因为有人啊。任维东先生在《光明日报》提出了一个问题，中国茶区那么大，为什么偏偏只有云南形成了一个独特的茶文化研究现象？在众多的原因中，首要的是，云南出了有代表性的茶学作品，出了有代表性的人物。

历史学家布罗代尔一定会喜欢眼下的云南茶区，普洱茶正在事无巨细地被人研究。茶圣陆羽也一定会感到欣慰，他从来没有写到的云南，会在这个时代获得海量的关注。

周重林

2023年5月1日星期一

目录

南糯山考察散记

竹林寨，梭二家的茶园

车停在竹林寨梭二家，通往他家门口的路上就有一棵很高大的茶树。

今天又下了一场雨，感觉整个空气都是湿湿的。

安然就带着这种略有湿气的口吻问："这就是我们今天要拜谒的茶树王吗？"

张敏说："不是，不是。"

"不是？"我们小声嘀咕，这棵茶树明显已经很大了。我们也依稀看到了"茶皇"的字样。

可还真的不是，要去看的茶树王在另一个寨子，得开车去。今天先来这里，是想让我们观察下梭二家的这片茶园，顺便看看村里的茶树王。

到了茶山，"茶树王"是出现频率很高的词。

茶树王，一般泛指某"领地"长相最好的一棵茶树。要怎么理解"长相"，就有些讲究了。

满眼皆绿

有时候是指树冠特别大，有时候会是树干特别粗，也长得特别高。又高又大自然是最好，这充分体现了人"功利"的一面。

"领地"有时候以自然村为单位，有时候以村委会为单位，有时候又以茶园为单位，最后形成了寨寨有茶园、村村有"茶王"的传统。与此相关的史料，不管是阮福的《普洱茶记》，还是《普洱府志》，都会有"茶王树"的记载，而拜祭茶树王，早已经是茶区最为重要的民俗。

茶山上的人讲起茶树王，就没有那么复杂，太简单了。

"你看，部落有头人，狮群有狮王，蚂蚁有王后，古茶园有茶树王，不是很正常吗？"

梭二家这片茶园，只有10来棵茶树，却也有一棵茶树王。他20年前盖新房时从地基另一边移栽过来，费了不少功夫，小心翼翼地挖根，"有1米多深的根，挨我整够掉些。刨了好几天，所幸么，还是养活了"，梭二回忆说。大茶树不好移栽，我也听闻过移栽大茶树死亡的例子。有些科研机构，曾经从深山里移栽过，成活率为零，主要原因还是根。

俗话说："树有多高，根就有多深。"

就在去梭二家的路上，有一个让我们直观了解古茶树树根的地方。因为寨子修路经过古茶园，就在茶园里挖出了一面墙，有一棵古茶树刚

茶树的根

好把根裸露出来，目测树根往下延伸大约2米多，更纵深的部分，我们无法得知。我们在漭水、易武、勐宋等地观察这种因为修路而呈现的墙面，得出一些有意思的结论：树根可能是检验古茶树树龄最好的标准。

为什么这么说呢？因为茶农会不断地砍枝修叶，这导致我们今天看到的绝大部分茶树主干其实都是由侧枝长出来的。而侧枝一旦成为主干，又会遇到新一轮的修剪，这样几番修剪后，后世那些来数年轮算树龄的人该怎么办？弄不清主次，自是算不出树龄的。

伐桩术是延长树寿命的一种方式。罗伯特·佩恩在《造物记：人与树的故事》里面说，伐桩术，也就是把树木砍到与地面基本齐，可以刺激和促进树木的重新萌芽。书里介绍说，桦树一般的寿命在200年，而伐桩可以把桦树的寿命延长到400年。砍树延长树的寿命，一个重要的原理就是树根足够深厚。

唐代陆羽在《茶经》里说："胡桃与茶，根皆下孕，兆至瓦砾，苗木上抽。"意思就是胡桃与茶都是根系不断往下伸展，直到砾土层，苗木才向上抽条生长。茶树的一个大生理特性就是，先长根，先稳住"基层"，再往上长。在自然科普纪录片《影响世界的中国植物》第四集里，也讲到了茶树的这一特性。因为茶树要先稳根，所以就不喜欢容易积水的地方；水一多就容易泡坏根，所以坡地就是茶树最好的选择。沙砾地因为渗水性好，也成为茶树喜欢生长的地方。

茶叶专家肖时英就专门根究过茶树根到底有多深的问题。他探访的结果是：大约3米。我们能够遇到的茶树根，最长的也有3.8米。不过，那些长得很高大的大茶树，谁也不敢冒险去挖挖看地下的树根到底有多长。

没有砍伐过的树木会是什么样子？自然就是我们今天称之为"望天古树"的那个样子。这些树笔直挺拔，要么成为各种茶园另类的存在，像我们探访过的三迈村的大茶树；要么在原始森林里与其他植物一起竞争生长。

梭二家茶园除了移栽的那棵古茶树外，余下的都是18年前栽种的。砍头修枝的茶树现在约有40厘米高，成年人站着伸手就可采鲜叶。而没有修剪的茶树，直溜溜地往上长，已经有八九米这个样子。照这个长法，再过个20年就会很高了。

观察梭二家这个微型茶园，结合我们一路上的观察，我们初步得出了一个结论：砍过主干的茶树，树冠就特别发达，因为营养都分给了分枝，分枝又都想成为新的主干，就特别努力地长啊长。新的主干确实会比没有修剪过的要粗，可能分为：一种是向上的顶部生长模式，一种是向宽处的周边生长模式。

梭二家的小望天树

分枝都努力，所以我们见到的那些成为"领地"茶树王的，一般都有很发达的树冠。在西双版纳，独树成林是一种景观，也是植物竞争优势的体现。能成为领地茶树王，它享受的待遇也不一样。

　　在竹林寨，还有棵真正的茶树王，现在被主人单独围起来、锁起来，不让动物以及人靠近，

新竹村"茶皇树"

就连鸟也不许飞过，周边竞争植物也被一一清理。主人还立了一块质地很好的牌子，上书"中国最美茶皇树"。

梭二介绍说，这棵树一年鲜叶价每公斤可以卖到2500—3000元人民币，春秋两季的鲜叶加起来有20多公斤，一棵树就可以卖四五万元，比一片小一点的生态茶园收入还高呢。按照2018年的价格，生态小树鲜叶价是50元/公斤。

主人不在家，缘悭一面，有些许遗憾。

半坡老寨的茶树王

离开竹林寨，我们到半坡老寨去看茶树王。茶树王的所有权属于竹林寨，之所以这样，是因为竹林寨是从半坡老寨分出来的，土地跟着人走。

进入半坡老寨，茶树王的信息便无处不在。这也是我第一次看到以"步"作为计量单位的提示牌，距离茶树王3000步、2000步……

我们来到半坡老寨，正赶上"陈升号"做大型活动，沿途都插满了旗子，一些茶树上也挂上了牌子，传递的信息仿佛说，茶树不仅看起来好看，品起来也美味。活动主题是"不忘初心"，也在提醒我们，不要走着走着就忘记何为初心。

关于忘记初心，有一个流传很广的故事。有一个人，他养的鱼死了，悲伤不已。他为鱼火葬，想把鱼的骨灰撒回大海，可是鱼在火架上越烤越香，他忍不住就把鱼吃了。

路标

　　南糯山村民很骄傲的地方有两个：一个是
这里是最早界定茶树王的地方，另一个是这里是
古树茶第一村，有着面积最大的连片古茶园。前
一个没有争议，后一个有待比较。就像我们来这
里，就是为了传说中的茶树王，还顺带知道了这
里有这么多连片的古茶园，又知道了南糯山有很
多片生态茶园，接着发现了饶有趣味的历史故事
以及民风民俗。

　　去考察过很多古茶园的张敏说，南糯山古
茶园最能体现物种多样性，在这里，许多茶树与
其他大型植物相生相伴，没有想着一方吃掉另一
方。而在其他一些大型连片的古茶园，大一点的
其他树木都找不到了。这或许有人为砍伐的原
因，但真正的内幕谁又知晓呢？我看到的恰恰
是，一棵幼小的茶树长在一棵参天大树边。

　　一路上，我们看到许多被白蚁啃噬死亡的
古茶树以及其他树木。早上我丢了一双Palladium
鞋，仅仅一夜之间，我那双可怜的鞋子就被几百
只蚂蚁做成了窝，实在不忍心用水冲走它们，就
只能成全它们。

　　来古茶园里参观的不只有我们这样的异乡
人，还有当地县城的小青年。他们来这里拍婚纱
照！啊，多有创意。愿他们的爱情就像这片茶园
一样，历经百年依旧郁郁葱葱。

　　已经看过太多的大茶树，但当我们来到这棵

茶树王跟前的时候，依旧发出一如往昔的惊呼与叹息声。即便是森林里有众多可以与之比肩的其他高大树木，这棵仍然神采照人。

已经被围起来的茶树王，无法近身。只能退到更远的位置端详。在它身边，一棵已经枯死的树桩上，有一块牌子，上面写着："保护千年茶王，人人有责。采摘茶王，择枝、爬树、损害古树……谢谢大家的共同保护！南糯山茶王的请求！"少字掉字，语句很是不通，但意思大家理解，不要摘茶，不要爬树，不要择枝，总之，这棵树神圣不可侵犯。

与其他茶树一样，茶树王同样没有被免于砍伐的命运，粗壮紧紧相连的底部有数棵主干，在不到一米的地方再次分枝为10棵碗口粗的枝干，正是这些分枝带来了枝繁叶茂的现实。

有一种观点认为，古树茶园里的茶树每年春天发芽要明显晚于台地茶园，但我们走访了很多古树茶园发现，不修枝剪叶的古茶园确实是发芽比较晚，但同一片古茶园，参与修枝的有时候会比没有修枝的早发芽两周左右。现在古茶园要不要修剪，完全有两种不同的意见，但有园艺经验的人都会说，还是适当修剪比较好，不修剪的茶树不只是发芽晚，还发芽少。所以，修不修剪这个园艺问题最后变成一个经济问题，茶农希望修剪后多发芽，多卖钱；茶客却认为过分修剪会影

半坡老寨茶树王

被人为修枝后横向生长的古茶树

响茶质，尤其一些只要春茶的茶客。我也非常好奇，同一棵树的多采与少采到底对树有无影响，到底对茶品质有无影响。

就在南糯山茶厂二组，我们发现了一片被修剪得很"干净"的茶园，许多棵茶树都被修剪成"三炷香"模样，光秃秃只剩下树干。我对这片茶园再次发芽非常有兴趣，这些知识在茶区是常识，但在茶客那里，就变成了高深莫测的"学问"。

《云南省茶叶进出口公司志》记载说，"大跃进"期间，为了完成茶叶大增产的任务，许多茶树就被剃成"三炷香"，一片茶园里一片茶叶都找不到，一些采不到的大茶树，被砍了下来。

其实陆羽《茶经》开篇不也说，"茶者，南方之嘉木也。一尺、二尺乃至数十尺。其巴山峡川，有两人合抱者，伐而掇之"。

今天修剪的枝条大部分被当作了柴薪。在清代，大茶树的树干另有用途，粗一点的做花瓶，细一点的做手杖。花瓶？花瓶？我也是极为震惊

被修成"三炷香"的茶树

啊，我随便找了几个清代花瓶的样式，口径五六厘米算小的。

读读《普洱府志》上这一段："土人以茶果种之，数年，新株长成，叶极茂密，老树则叶稀多瘤，如云雾状，大者，制为瓶，甚古雅；细者，如栲栳，可为杖。"在那个时候，古树茶已经随处可见了，"多瘤"，是我们今天在古茶园最常见的细节，就是砍伐后的疤痕。树瘤是指古茶树被砍后产生的愈伤组织，每当树被外力强力物理干预后，树里的细胞就会繁殖形成树瘤，这是树一种天然的自我保护方式。如果不形成树瘤，树的天敌——白蚁就会沿着伤口一步步把树的主干蚕食，许多古茶树因此而走向死亡。而把树瘤加工成花瓶以及烟斗，即使是在现代也非常受欢迎。

《茶经》里说，"凡艺而不实，植而罕茂，法如种瓜"，对"艺而不实"这个"实"的解释，吴觉农《〈茶经〉述评》认为是土壤"紧实"，但云南茶学家张芳赐等人写《〈茶经〉浅释》认为"实"是"果实"，也就是茶籽，我认同张的观点。中国扦插技术成熟得非常早，在《庄子》《诗经》就有提到，《齐民要术》更是专门讲到了扦插技术。中国大部分茶区很早就使用了扦插技术，到个二三十年就会觉得茶树老化，需要重植。茶叶大盗罗伯特·福琼在《两访

树瘤

古茶园里的参天大树

中国茶乡》里还专门提到武夷山砍伐老树茶,今天在铁观音产区也经常遇到定时清理老茶树的。究其原因,还是因为扦插的茶树无法长期持续保证茶有品质地输出。

实生苗栽出来的茶树才长得高大、久远。

看这些大茶树,你要仰着脖子,必须是一种仰视的姿势。

但如果你去现代茶园,就是鸟瞰、俯视,一副造物者的模样。

在云南古茶园,会觉得茶树才是主人。但在现代茶园,觉得人才是主人。

于是我有些感慨,好多地方的茶园,早就开始机制化了。在云南,弯腰可采的茶园固然有,但在古茶园,在这片热带雨林里,我们见到的都是云端采茶人啊。

今天,我们收到一位云端采茶人的邀请,去她家吃饭。

离开这片茶树王的领地啊,我有些遗憾,余生也晚,再也见不到历史上最有名的那棵南糯山"茶树王"了,而我此刻就在山中,你叫我如何甘心?

拜谒南糯山茶树王记

离开旧厂房，在香庆与卓伍的带领下，我们下了山，穿过景洪到勐海的国道后，把车停在了加油站附近。一路上我们非常吃惊，第一次知道茶树王不是在山上，而是在山下。路并不远，又太心急去见茶树王遗迹，大家都走得比较快，完全没有早上边走边歇边拍照的优哉状态，很快就来到一座亭子前，他们说到地方了。

意想不到的情况发生了！我以为这会像革登一样，茶王坑真的只有一个坑和两块石碑。但这里，除了石碑，还有一棵大茶树！原来昔年茶树王的分枝已经长成大树，远远看去已然有当年茶树王的影子！相机镜头拉近看，树干已经非常粗壮了啊。原来老茶树王已经涅槃重生！这些年来，从来没有一个人告诉过我们啊。另一个意想不到的情况是，这里居然有道门，门还上锁了！摇了摇，锁得很结实。大门是带尖的那种，不能

给老茶树王上锁

轻易翻越。再说，这是有人家的。茶树边上有屋子，锅碗瓢盆都看得到，说不定还有不喜欢叫的护院犬呢，也不能乱翻啊。

有人已经按捺不住，他绕着围墙往下走，想看看另一侧有无路。我看着亭子里的几个人，他们又着急，又无奈。亭子就是当年为朝圣者纳凉而修建的，现在绿色的油漆有些剥落，地上石块已经长满青苔，靠近路这一侧的石凳，被砌上了红砖，有一边堆着木雕，空着的一侧石凳上歪歪斜斜地写着三个字——"茶王村"。我再去摇了摇那把锁，锈迹斑斑，这一切都告诉我们，这里已经很少有人来过了。

老茶树王明明就在眼前，却不能近距离观看，难道就要失望而归吗？

　　我们又一次沿围墙走了一圈，想看看有无机会走到茶树王跟前。走到底部的时候，发现，翻墙可能更简单。房屋的下面种满了树木，铁闸更高，几棵未修剪的茶树，比我们在梭二家见到的那几棵还要高一些，估计树龄远远超过20年。

　　这个时候，听到香庆叫唤，她已经知道进去的法子。她打电话询问她同学去哪里拿钥匙，得

茶树王石碑

知我们走错了路，需原路返回，从另一个岔口，穿过茶园就可以抵达茶树王前。于是大家一阵雀跃，我眼睛顿时湿润，这么多年来，我反复书写这棵树的信息，可是我却是第一次来到这里。本以为要失望而归，却又柳暗花明。走到石阶上时，香庆开始叹息，怎么那么粗心呢！小时候她就来扫台阶啊，这一路没有走在台阶上，她还以为被拆除了。卓伍也说，自己大约20年没有来了，都不知道老茶树王居然又再次长大了。

公开资料显示，老茶树王主干在1994年死去。之后这里依旧风和日丽，草木自然生长，与人无争。枝条长成主干，再次以英姿示人。

那个昔日带着学生来打扫落叶的小学老师如今已是非遗传承人。

那个昔年来打扫的小学生把南糯山的茶卖到了全世界。

那群为老茶树定下年龄的人，已经落成一抔黄土。

那个不远千里来这里看茶树王的小伙子，如今移居香港，已是耄耋老人。

1960年，26岁的陈文怀坐了20多天的火车、汽车来到景洪，丁渭然、张木兰用牛车把他接到这里。因为他来自中国茶叶科学研究所，所以他的到来受到热烈的欢迎。南糯山发现大茶树的消息传出去后，还是第一次有茶叶专家来到这里。

"第一眼看到的时候，我也震惊了，没有想到树会这么大。"

2018年9月，我与陈先生就58年前的一些细节向他求证时，他记忆清晰。陈先生来云南前，在武夷山研究古茶树，那里也有两三百年的古茶树，但与南糯山一比，就要小得多。于是，他把这个消息带给吴觉农、陈椽以及庄晚芳等茶界名宿。

这棵树的意义有多大？

当代"茶圣"吴觉农先生从青年时代就力图论证中国是世界茶的原产地，洋洋洒洒万言不敌看这棵树一眼。所以他90岁那年，主编出版《茶经述评》，在"茶之源"章节，大书特书南糯山茶树王。

世界茶史，从这棵树开始，完全改写。

这棵树同时开创了一个新的纪元，从它被界定为800年树龄开始，古茶树也开始了数字纪元时代。巴达茶树的1700年，镇沅茶树的2700年……从百年古茶树到千年古茶树，一个新物种从云南诞生，修订世人对茶的认知。

今天我们才知道，茶树王从来就没有真正死去，它只是涅槃重生。

我们眼睁睁看着在它轰然倒下的地方，重新长出了参天大树。

就像我们在许多地方了解到的那样，没有一种外在力量可以让古茶树真正死去。

涅槃重生的南糯山老茶树王

只要根在，生命就在。

昔年判别茶树王的年纪，是依靠哈尼族世居55代，每一代以14年算，得出800年的结论。照这么说，卓伍就是第56代茶树王守护者。哈尼族是父子连名，可以一直追溯下去。

人连名，树连根。在这片土地繁衍，生生不息。

已经戒烟很久的张敏，以及已经戒烟一年多的我，点了烟，烟火弥漫，我们要祭拜一下。

一切皆是天赐，天降瑞草造福生灵，自有后来享福者。

我们这些人，恰逢其时，何其幸运。

你的古茶故事，又从哪里开始？

作者与南糯山村民在老茶树王新干下合影

哈尼茶、哈尼古茶园

前往南糯山的路

哈尼族才是云南最早用茶的民族

云南没有山，只有山脉。山脉不是用来仰视，而是用来追赶的。

昔年，世人因茶赶路，奔赴至南糯山，不是因为这里有连绵起伏的山脉，也不是因为这里有12000亩规模的古茶园，也不是为了那星罗棋布的民族小组。他们来到这里，只有一个目的，就是看一眼那棵活了800年的茶树王。

余生也晚，现在到来，只能在茶王小组的茶农"老大"家中瞻仰老茶树王的"遗骸"。老茶树王死后，主干被大卸八块，分到了各大科研单位、博物馆、大学教研室。就连老茶树王的根，也被掘地三尺一一刨出来，村民拿回家供奉，代代相传，一些来得早的客人，免费拿到茶树王根，更是如获至宝。

曾经一位日本学者不远万里来访茶，他见到老茶树王时，席地号啕大哭。

一位著名的茶学家，见到老茶树王时，死死地抱住茶树不放。

一位北方茶人，在树下磕了上百个头，不知道为什么。

老茶树王在原地烟消云散后，无论它的哪个部位现世，都显得弥足珍贵。

茶的源起在此，归宿也在此。

那么，这棵在茶界大名鼎鼎的老茶树王到底有何神奇之处？为何在几十年里的光景里便从默默无闻到世人皆知？

在被命名为"茶树王"之前，这棵树在深山老林里沉默了近千年，连一个正式的名字都没有。哈尼族称茶树王为"沙归拔玛"（音），"沙归"是茶树王所在地的地名，"拔玛"是大茶树，连起来的意思就是在沙归那里的大茶树。大茶树长势好，鹤立鸡群，是拴牛绳最好的选择。牛也喜欢来树下磨磨蹭蹭，多少年下来，树干变得光滑油亮。南糯山不少老人回忆他们小时候在茶树王周围放牧的场景，周边水草茂盛，视野开阔，是放牛的好地方。在遮天蔽日的西双版纳森林里，一棵茶树实在算不得什么。这里雨水充沛，日照充足，要不了三四十年光阴，参天大树就拔地而起。尽管哈尼族世代都以茶树为生，但也没有把某一棵的存在看得有多重要。他们当然更不知道，在另一些地方，为了要找到一棵大

古茶园也是牛群散步的地方

远眺南糯山实验茶厂

茶树，有些人努力了一辈子。

　　所以有一天，一些外乡人来到山上，与当地老百姓说他们要找那种大大的茶树时，大茶树才开始正式浮出水面。南糯山一直都不缺乏外乡人，但无论是清代还是民国年间的外乡人，他们都没有表现出对某种类型的茶树有特别的兴趣。

　　1938年，白孟愚在南糯山成立了云南省思普区茶业实验厂，主要工作是种茶与制茶，并没有涉及茶树品种的研究。

　　1951年8月，带着新气象的云南省农业科学院茶叶研究所（当时称云南省农林厅佛海茶叶实验厂）在南糯山成立，主要工作是开展茶树地方品种调查。1951年12月，茶科所的科技人员苏正、周鹏举等人在当地人的带领下先后来到沙归，发现这里大大小小林立着几十棵古茶树，其中有3棵特别大，远远超过科技人员在其他地方见到的古茶树。科技人员对它们是不是茶树尚存疑虑，但带路的哈尼族老乡坚持认为这就是茶树，他们每年春天都会采了吃。先不管，采样再说。科技人员随后拿出随身带着的尺子，量得最大的一棵茶树高5.5米、主干直径1.38米，树冠直径10米，这棵树就是后来获得世界性声誉的茶树王。

　　样本带回茶科所后，相关的工作并未展开。主要原因是茶科所1952年又从南糯山搬迁到了曼真，科技人员帮助当地政府建测雨站，茶业的工作重点转移到毛茶生产。云南茶业生产几经波折，当时连传统的沱茶紧压技术都几近失传，需要到民间走访再研发恢复。

1954年，茶科所再次从曼真搬回南糯山，茶树王的调查得以继续进行。茶科所请来了当时云南研究植物学的泰斗蔡希陶到沙归考察。蔡希陶在路上不小心被有毒的植物感染，这令带路的科研人员有些担心。同时代的植物学家，只有陈嵘在《中国树木分类学》较大篇幅地讲述了山茶属。也是在这本书里，陈嵘很明确地把英国人命名的阿萨姆茶（Var. assamica）首次改为"普洱

南糯山实验茶厂

茶"。这是非常重要的改动，俗话说，人活一口气，树活一个名，中国人叫着自己地方命名的茶，才顺口，你说他家的茶是印度阿萨姆来的，他会拿刀与你拼。

在书里，陈嵘向植物学的同行与学子如此介绍：普洱茶（植物学名词审查本），T. sinensis, var. assamica, Pierre.（T. assamca, Mast.），叶长椭圆状披针形，先端渐尖。花一至四朵；萼片内部平滑无毛；花瓣七至九片；花柱仅顶端分离。

中国植物分类奠基人胡先骕（1896—1968）在高校教材《植物分类学简编》中延续了陈嵘的说法。1955年5月10日，《人民日报》在头版位置上报道了南糯山茶园的丰产消息。文章说，位于云南省西双版纳傣族自治州格朗和哈尼族自治区的南糯山是有名的普洱茶产地，历史上全山春茶最高年产量达到两千多担。在反动派统治时期茶园遭受破坏，现在茶园产量已恢复到之前的百分之八十五至百分之九十。

在南糯山大茶树"被发现"后的数年里，植物学家、农学家、茶学家都为树的年龄发愁。他们已经砍倒了一棵古茶树，希望通过古老的数年轮方式来找到线索，但他们发现上了年纪的古茶树像老榕树一样，树心已经被白蚁掏空。他们又放倒了一棵，还是没有找到答案。

既然哈尼族口口声声说他们守护这棵树55

代，那就以他们的守护年份作为茶树王的年龄？
这一方案获得多方认可。哈尼族世居南糯山的55
代人采用父子连名制，每一代以14年推算，得出
800年的结论。为什么是14年，因为在过去，哈尼
族的大部分女孩子，14岁就开始了生育。

路两边的茶园，栽种于20世纪30年代

哈尼族没有姓，但有名。哈尼族的父子连名是这样的，用父亲最后一个名字的字作为孩子名字的第一个字，比如父亲叫老林，儿子就叫林大。在茶山我们经常会遇到一些人叫"二爬""三爬"的，他们的孩子就会被称呼为"爬大""爬二"，孩子的孩子叫"大师""二师"。因为重复率很高，经常一个村叫"二爬"的有十多个，那怎么分得清啊？所以我要找那个"二爬"，就必须在前面加前缀，这个前缀就是他父亲的名字"师二"，"师二家的二爬"，要是这样也重复了，就要继续加爷爷的名字，"大师家的师二家的二爬"，还不行，继续加"爬大家的大师家的师二家的二爬"。第一次接触到哈尼族名字的时候，我觉得他们起名太随意，现在细究起来，一个人通过名字叫法就可以把家族史串联起来，就真的太厉害、太有智慧了。

古茶树根连根，哈尼族名连名，是谓永年。

要知道，在20世纪50年代所做的民族调查中，当地人一下子背出55代人姓名的时候，着实令很多人惊讶不已。现在还可以遇到那些背得出58代人姓名的哈尼族，一般来说都是竜巴头。我在老班章年轻的竜巴头家里有听他背过。他还把这种连名写了出来挂在家里，可以看出来他们从哪里迁徙出来，在祭祀以及通婚时候大有用处。哈尼族很严格地坚持7代内不通婚。

茶山上的哈尼族

　　哈尼族父子连名制解决了科学家深感棘手的古茶树年龄问题，也获得世人的广泛认可。从南糯山茶树王开始，云南的古茶树也正式进入到数字纪年时代，800年成为一个基数树龄。1961年在巴达发现的古茶树，在1978年被判定为1700年树龄，有800年基数树龄的影子。此后的2700年树龄也好，3200年树龄也好，都是在南糯山800年树龄基础上的叠加效果。现在也是，随便到一个地方，都会拿800年树龄大茶树比较。可以说，南糯山800年茶树王已成为测量古茶树的尺度。

哈尼茶，是中国56个民族里，唯一一个以民族命名的茶。在湖南农业大学茶学系创始人陈兴琰主编的《云南：茶的原产地》里，这样描述哈尼茶：

哈尼茶C. haaniensis. Chang, Tan et Wang
花柱长1.5—2.4厘米，顶端5裂或4裂，裂为占花柱长1/3—2/3；花瓣11（7）—12枚，长2.5—3.4厘米，少茸毛；子房少茸毛；萼片长8—11毫米，宽11—11毫米，多毛。

蒴果近球形，纵沟浅，果径4.1—5.3厘米，果柄长1.1—1.3厘米，粗7毫米，果皮厚7毫米。

叶长9—13厘米，叶幅3.6—5.3厘米，长幅比2.3—2.7；叶基楔形；侧脉9—10对，网脉明显，主脉、叶背无毛，芽少茸毛，嫩枝无毛。

分布：云南金平，老林。乔木，小乔木，树高17米，分枝密度中等（凭据标本88014）；金平，城关永平村，乔木，小乔木，树高9.5米，树幅5米，树姿直立，分枝密（凭据标本88011）。

从拉丁文命名来看，哈尼茶的分类是茶学家

谭济水以及分类学家张宏达等人完成的。

因为一些机缘，我们曾在金平县喝过这种哈尼茶，苦涩得难以下咽。

为一个民族命名一种茶过誉了吗？

不。

哈尼族，是云南极少数以茶为生的民族之一。甚至可能是云南最早使用茶的民族，不是之一。

在道光《普洱府志》里，在"土司"部分谈到"种人"的时候，是这样描述的：黑窝泥，宁洱、思茅、威远、他郎皆有之，性情和缓，服色尚黑。鸡卜占吉凶，遇病不服药，宰牲祈祷而已。在思茅者，采茶为生。而在整本道光《普洱府志》里，没有第二个被记录为"采茶为生"的民族。这仅仅是某种巧合吗？

事实上，早在嘉庆二十三年（1818），云贵总督伯麟就记录过哈尼族与茶的关系："一种黑窝泥，性拙，采茶其业也。女子勤绩缕，虽行路不去手，普洱府属思茅有之。"在《滇省夷人图说》里，除了哈尼族与茶有关外，还有另一个民族三作毛也与茶相关。"三作毛，种茶好猎，剃发作三髻，中以戴天朝，左右以怀父母。普洱府属思茅有之。"三作毛（也写作"三撮毛"），据一些学者的考证，就是今天的基诺族。

《滇省夷人图说》又名《伯麟图说》，为清

代云贵总督伯麟奉圣谕绘制的上奏嘉庆皇帝的图说奏章，成书于嘉庆二十三年（1818），收图108幅，彩绘，附有伯麟撰写的长达1848字跋文。

从唐到清，长达1300余年，哈尼族都叫"和泥"。"哈尼"成为通用名称，来自康熙年间的《蒙自县志》，是一个人数众多的部落自称。其地就是今天以梯田闻名的元阳。

"尼"是人的意思。哈尼，就是住在山坡上的人。

哈尼族居山地，好饮酒，善于养猪、种稻谷与制茶。远在明代，哈尼族种的稻谷便多达18种。今天，元阳哈尼梯田名闻天下，是哈尼族世代经营的结果。哈尼族喜欢种稻田，考究下来并非单纯为了吃稻米，还在于，稻草是建造房屋的必需品。土基房的土砖是稻草与泥土混凝的产物，屋顶更是缺少不了稻草。还有茅草屋的时候，云南许多地方也种稻田，主要目的就是为了获得稻草以及土砖。但现在随着茅草屋的消失，云南大部分地方稻田也消失了。老班章茶农和森，花了上百万，在山里挖出了一片水田，他既怀念老品种的稻香，又怀念茅草屋带来的那份清凉。

而今天茶山盛行的冬瓜猪，在清代就非常出名，叫"阿泥花猪"。

胡本《南诏野史》说：窝泥"善养猪，其

竹林 森林 茶园

45

猪小，耳短身长，不过三十斤，肉肥腩，名窝泥猪"。我们每年游学南糯山，散伙饭都是吃烤冬瓜猪，吃得人人抓心，恨不得退了机票留下来。

我脑海里也时常会浮现出小耳猪在古茶园里灵活地来回穿梭小跑的模样，抬头歪着脑袋看人，认真拱土撒腿，然后摇头摆尾离去，真是逍遥快乐。流行"古树单株"的2017年，我在古茶园拍了一张冬瓜猪与古茶树的照片，取名为"古树单猪"，风靡友圈。

古树单猪

哈尼族民谣说：

天与地离得远，
一场大雨便相连；
地与沟离得远，
一场大雾便相连；
人与人离得远，
一杯茶水便相见。

哈尼族歌谣唱：

萨——哝——萨！
讲了，哈尼的后代儿孙！
讲了，亲亲的兄弟姐妹！
今晚火塘里添进新柴，
茶水在壶里快活地歌唱，
酒碗喝干了又倒满，
先祖的古今又开始一章。
老牛忘不了它的足迹，
白鹇忘不了找食的草场，
麂子忘不了出生的岩洞，
哈尼忘不了惹罗——
那头一回安寨定居的地方！
那头一回开发大田的地方！

茶树王带来的变化

南糯山分布着12000亩古茶园，但茶树王只有一棵。南糯山有30多个村民小组，叫"茶王小组"的也只有一个。

1958年，云南发现大茶树的消息传到了中国农业科学院茶叶研究所（简称"中茶所"）那里。为了探明800年树龄的真伪，1960年，中茶所四个创始人之一的陈文怀先生不远千里来到南糯山。陈先生当时留下了一张很珍贵的照片，树上树下都是人，一旁竖立的牌子写着三个大字：大茶树。

来云南之前，陈文怀在武夷山作古茶树调查，那里尚有二三百年的老枞。他听闻云南发现大茶树后，从杭州坐火车到昆明，再坐班车到西双版纳的首府景洪，坐牛车从景洪到南糯山。迎接他的人里有著名的茶学专家张木兰、丁渭然等人。

陈文怀之后把对这棵树的考察向茶界前辈做了汇报，世界茶史就此改写。此后，无论是吴觉农，还是庄晚芳，都把茶树王的照片放到他们出版的书里，积极向世人介绍这一惊人的发现。世界茶原产地，实至名归啊。

茶树王档案这样记录：

树幅9.6米，叶长16.7—20.9厘米，宽6.8—7.9厘米，侧脉11—14对。花色白中带绿，花冠直径3—4.1厘米，花瓣7—8片，柱头3—4裂。茶果呈三角形。叶芽长3.43厘米，一芽二叶重0.57克。鲜嫩叶内含茶多酚17.37%、水浸出物59%。老叶含茶多酚 8.9%、水浸出物32.68%。适合做红茶、绿茶。

吴觉农在其主编的《茶经评述》里，使用的一段影印资料引述如下：

茶树王简况：西双版纳勐海县是云南省盛产茶地之一，以产"普洱茶"而闻名中外，称"普洱茶之乡"。县内有栽培茶树1700年的悠久历史。据南糯山哈尼族传记已种植茶55代人。此株茶树王已种800多年，属云南大叶茶品种。它有优质独特佳味，至今仍可采摘鲜茶叶。经有关人员考察为我国最早种植茶树之一，为研究茶叶发展史提供充分依据。茶树高5.47米，树围10.9米×9.8米，主干直径1.38米。

庄晚芳在《中国茶史散论》里，特意放了一张日本学者林屋新一郎夫妇于1980年在南糯山熊抱茶树王的彩色照片，这可是一本黑白印刷的书啊！意思显而易见，茶人扬眉吐气，中国才是世界茶树的原产地！日本专家认同了。

来南糯山朝圣的日本人很多，著名作家陈舜臣看到茶树王的时候，先在树下走了几圈，然后跪拜、流泪。在《茶事遍路》里，陈舜臣写道："我乘坐汽车，从铺砌的公路进入山道，直到前行无路。我们以步代车，沿着山坡向下走。最近可能因为茶树王也成了一种观光资源，山坡上还铺了一段石阶。周围都是茶树，以树身高大者居多。妇女们背着箩筐，正在采摘茶叶。有一些茶树看起来颇有年岁，还有一些则像老梅树那样身上长着苔藓。茶树王是这些茶树中的代表。"

陈舜臣来云南之前，读过《续云南通志稿》与阮福的《普洱茶记》，以为茶树王只存活在史料与典籍中，没有想过有亲眼所见的一天。他从成都转昆明，从昆明飞普洱，从普洱到宁洱，没有找到茶树王，又辗转到景洪，从景洪包车上南糯山。拜谒茶王之路坎坷，到茶山的路，过去从来都不通畅。

茶树王带来的是山茶属学科在中国的兴起，同时也让云南的古茶树成为非常有价值的珍稀遗产，为此后的云南茶产业埋下伏笔。云南从南糯山茶树王开始的影响，最先体现在植物分类学。

　　尽管难懂，但依然有重述的必要，让我们了解下山茶属植物的分类史。

森林里的茶园

瑞典植物学分类大家林奈（Carl von Linne）在 1753年出版的《植物种志》中，最先完成茶树的分类，学名为Theasinensis. L.，其后林奈修订为Thea bohea与Theaviridis，意为红茶种与绿茶种，前者有六个花瓣，后者有九个花瓣。sinensis是拉丁文"中国"的意思，中国有名的网站新浪，用的sina就出自这里，而L.就是林奈名字的缩写。西方人一直以为红茶是一种茶树，绿茶是另一种茶树，直到著名的茶叶大盗罗伯特·福琼从中国产茶一线发回报道，他们才明白红茶、绿茶不过是工艺不同导致。

Camellia最初是用来指在日本发现的红山茶，名字来自德国传教士Georg Joseph Kamel，林奈纪念他从远东带回的300多种植物标本，植物学之后遂有了茶属（Thea）与山茶属（Camellia）两个"属"。

1844年，传教士Masters将布鲁斯兄弟1823年以来在阿萨姆发现的大茶树命名为Thea Assamica Masters，意为阿萨姆茶树。拉丁文学名是终生的，尽管后来分类学家闵天禄多次强调Assamica并不意味着原产地，只对应发现地，但植物学界外的许多人还是不明就里。发现地就是在某地发现，比如在勐宋发现，就会标记为mengsong，之后在其他地方发现同样的茶，也只会被叫作"勐宋茶"，发现有先后，与是不是某地最先有这个茶关系不大。

1881年，孔茨（O.Kuntze）主张合并茶属与山茶属，于是他把茶命名为：Camelliasinensis（L.）O.Kuntze。1950年，日本人北村四郎（Kitamura）经过研究后发现，阿萨姆茶树其实是中国茶树的变种，随即将阿萨姆茶树命名为CamelliaSinensis Var Assamica（Masters）Kitamura，即"中国变种阿萨姆茶树"。

植物学家改来改去，把自己的名字不断加进去，导致学名越来越长，Camellia只能简写成"C."。

1958年，英国皇家植物园Robert J. Sealy教授出版了《山茶属植物修订》一书，把山茶属植物分成12个组，共82个原种。其中，茶组分为茶C. sinensis（L.）O. Kuntze［包括中国茶C. sinensis var. sinensis、阿萨姆茶C. sinensisvar. assamica（Masters）Kitamura 2个变种］，滇缅茶C.irrawadiensis Barua，大理茶C. taliensis（W W. Smith）Melchior，细柄茶C. gracilipes Merrill ex Sealy 和毛肋茶C. pubicosta Merrill5种2变种。

Sealy的山茶属研究非常重要，我国知名植物学家张宏达说自己之所以在山茶属分类取得很大进步，就在于他秘藏了一本《山茶属植物修订》。闵天禄对张宏达山茶属的修订，也是旨在回归到Sealy开创的体系。当然，Sealy的山茶属的

古茶树

体系现在最著名的传承人就是张宏达与闵天禄。

　　1981年，张宏达在其所著的《山茶属植物的系统研究》一书中，把山茶属分为4个亚属，19个组，198个原种。此后，他又在1982年再次增加了一个种。1984年张宏达的分类英文版由美国Timber Press出版。随着中国许多原生山茶原种的发现，1996年张宏达再次调整了山茶亚属。1998年《中国植物志》第四十九卷第三分册出版，张宏达又一次修订了山茶属，列出4个亚属，18个组，238个原种。昆明植物研究所闵天禄研究员在1992年至1999年数次修订山茶属的基础上，于2000年出版了《世界山茶属的研究》。他把山茶属订正为2个亚属，14个组，119个原种。

　　在植物学的分类里，南糯山的茶树王属于栽培型的茶。

　　栽培植物是一种野生植物经过人工培育后，具有一定生产价值或经济性状，遗传性稳定，能适合人类需要的植物。几乎包括所有的作物，其中粮食作物，如水稻、小麦、苞谷、高粱与茶叶都如此。

　　栽培型茶出现，意味着人类文明已经到达一个高峰。

哈尼族独到的古茶园管理

1958年，因茶闻名的南糯山来了一批苏联专家。在一份名为《中国科学院生物资源调查队苏联专家对南糯茶区茶叶生产及对茶试验站茶叶实验研究工作的意见》里，苏联专家就南糯山的土壤、气候以及生态环境发表了各自的看法。他们看到了南糯山特有的大茶树、老茶树，以及特有的半弧形伞状养护模式。茶树长在森林里，有利于生长，腐质层可以提供足够养分，不需要施肥。苏联专家特别提到茶叶对哈尼族爱伲人的经济价值，建议为了提高产量，需要改造一些很老的茶园。但专家也担忧，他们推广的矮化方式未必会有效。

事实上，在中国本土的茶学家的眼里，哈尼族的茶园养护术非常厉害。

1957年，从湖南支边到云南的茶叶专家肖时英发现，在南糯山存在两种专门针对大叶种茶树

南糯山伞形古茶树

半坡老寨茶园

的管理艺术：弯枝法与垫石法。

弯枝法就是为了不让茶树长得太高，能让采茶人够得着，就把直着长的茶树主干弯下来，用野藤绑住，让侧枝成为主干，然后再绑一次，再让新的侧枝成为直立主干，如此反复。南糯山新茶树王，所分的主干多达6枝。

垫石法就是在树枝之间夹上石块，可以把树干挤开，同时为采摘人采茶的时候提供落脚点。

弯枝法与垫石法的双重效果导致了茶树多主干横向生长，低矮易采，树冠增大，整个茶树看起来像一把伞的样子，故我们也经常把南糯山古茶园称为"伞形古茶园"。云南许多地方的采茶人不用搭梯子就可以直接上树采茶，就是长期驯化茶树的结果。

除这两种常规法外，哈尼族还会用刀斧去干预直向生长的树干。今天的古茶园里，会看到许多古树树干上长满树瘤，就是被人为干预的证明。直接矮化，让茶树发出新枝，这是现代也推广得比较多的管理手段。

1964年，肖时英采用南糯山茶树弯枝法在现代茶园做试验，结果非常令人满意。弯枝法在树幅扩大、降低分枝高度、增加分枝数量和叶片数量等方面，均优于常规的短截修剪和当年不剪次年重剪的方法。这门古老技术再现的成果得到当年的茶学权威陈兴琰以及刘祖生的赞赏。

南糯山的哈尼族最早向世人展现了杰出的民族园艺学。他们的先民早就洞悉了自然的力量，并把从中领悟的奥义与技艺代代相传，延绵58代人。

哈尼族治理的古茶园还有一个典型，就是现在名气如日中天的老班章古茶园。老班章的哈尼族有一支杨姓家族（哈尼族发音：标嚯阿谷）是从南糯山区域帕沙走出去的。过去普遍认为他们把南糯山的甜茶帕沙种带到了布朗山种植，才出现了老班章独有的甜茶与苦茶混种格局。但我们在对老班章古茶园进行地毯式的调查之后，发现除了苦茶与甜茶外，还有其他一些品种——多脉种与黄叶种。

苦茶与多脉茶最早被发现的地方，正是在哈尼族人口最多的红河哈尼族彝族自治州。红河州与西双版纳紧挨着。历史上在古六大茶山发挥重要角色的大茶庄，其主人大部分都来自红河州的石屏。现在看起来，交互的不仅仅是人，植物也跟随人在动。

广西瑶族到易武刮风寨落户的故事很有启发性。1957年，中央民族调查团问易武刮风寨的瑶族为什么会到这里安家。他们回答说，当年路过红河就打听哪里好在，红河人说哪里好在他不知道，但他的马知道，如果他们把马买下，马就会带他们去一个有茶香的地方。于是瑶族买下了马，然后跟着马来到了有茶香的刮风寨。

在所有的茶马古道故事里，我最喜欢的就是这个，有茶香的地方就是天堂。

在红河州金平县，有一种茶很晚才被标识出来，它就是苦茶。在苦茶没有被识别出来之前，我们日常所品饮到的茶，其实是甜茶。苦茶现在的分布，除了红河金平，还有景洪的大勐龙与勐海的布朗山。大勐龙在地理上是与布朗山连接在一起的。在张宏达的《中国植物志》里，苦茶是普洱茶的变种，书里形容说，"茶味极苦"，当地作苦茶饮用，张宏达的苦茶就是陈兴琰说的哈尼茶。

在红河州绿春县，哈尼族的聚居地，还发现了一种多脉普洱茶，也是普洱茶的一种变种。因为发现地是蚂蚁村，故也叫蚂蚁茶。多脉多脉，就是侧脉多达16条，而一般的不过十一二条。

乔木，高6米，嫩枝无毛，干后褐色，顶芽被柔毛。叶薄革质，长圆形，长11—17厘米，宽4—6厘米，先端急锐尖，基部阔楔形，上面干后褐绿色，发亮，下面褐色，无毛，中脉干后突起，侧脉每边13—16条，在上下两面均明显，边缘有锯齿，叶柄长4—5毫米；花白色，腋生，直径4.5—5厘米，花柄长8—12毫米；苞片2，卵形，长2毫米，无毛；萼片5，阔卵形，长4.5—5毫米，近秃净；花瓣7—8片，倒卵形，长2—2.5厘米，先端圆形，无毛；雄蕊长1.3—1.5厘米，离生，无毛；子房3室，被茸毛；花柱长1.2厘米，有微毛，先端3裂。蒴果扁球形，直径2.5—3厘米，高1.5厘米，有3沟；果皮厚2毫米；果柄长1.6厘米。花期11—12月。

最先被布朗山苦茶与甜茶征服的，是广东人与香港人。苦茶与甜茶能为潮湿的广东带来清凉，口感也非常接近他们日常饮用的另一种非茶之茶：凉茶。就连分类也是高度一致，广东凉茶也分为苦茶与甜茶。苦茶就是以辛、苦、寒、凉的中药为主的凉茶，如癍痧、廿四味等；甜茶是以清润甘甜药材为主的凉茶，如菊花雪梨水、竹蔗茅根水、罗汉果五花茶等。

在很长的时间里，苦茶树与甜茶树、多脉茶、黄叶茶在老班章都是混种的，混种混采带来的直接结果就是口感的协调。在没有严格区分的时候，这种协调全部依赖种植比例。我们推测每一片茶园，都是因为选择树种的结果。随着哈尼族的流动，他们终于在老班章这个地方实验种植出了苦甜茶的最佳种植比例。这种比例造就的口感也刚好迎合了某一部分广东人与香港人的味觉追寻，于是这里便成为寻味者的角逐天堂。

在口感选择上，同样有着功利的一面。但这

古树鲜叶

种功利性原则，是在漫长的周期里形成的。在市场没有细分之前，茶是不分苦甜的，有经验的制茶师傅，再次面对这样的产品时，找的也是滋味的协调性。在那个区域里，不用班章的料也能做成班章味，是因为他们刚好找到了协调的点。科学上有数据支撑，这也是古茶树了不起的地方。

苦茶，其实就是更苦的茶而已。而甜茶，是相对不太苦的茶。

在傣族人的饮食传统里，能够生吃的东西才是好的东西，不能生吃的就是不好的。茶叶也是一样。布朗族婚配要送的茶礼就是腌制竹筒茶。腌制会降低苦感，就像汉族做腌菜一样。同样的还有苦笋变成酸笋。在烧烤与鲜叶的结合中，苦变成了味觉追忆，也是有利于排泄之物。所以，在缺乏蔬菜的西藏，茶叶就被当作利于消化之物。后来的俄罗斯人、英国人，都把中国的茶叶与大黄当作通便利器。哈尼族则是通过混采，独有的加工工艺，制作出风味独特的调配茶，加上

在茶山，鲜叶直接煮饮

他们特有的火燎鲜枝品饮法，形成了独有的茶味。

过去我们力图用人的存在去证明树存在过，但现在我们需要用古茶树验证人类存活过。这些树不仅见证了人类的繁衍，更重要的是也见证了人类对生活的孜孜以求。从树种到滋味，是非常大的变化。一个地区如果世居民族多的话，地方口味就不会有大变化，但如果不断有新民族进来，口感就会不断变化，达到最协调的口感。从南糯山到老班章，本身就是一条滋味与品位之路。

柴火灶

茶树品种多样性

距今4000万年前的第三纪渐新世，地球上就出现了山茶科植物。在漫长的演化中，山茶科植物逐渐形成了特有的形态特征，并逐渐分化出多个品种。1998年编写的《中国植物志》第四十九卷第三分册所采纳国内茶组植物为34个种和变种，作为世界茶树起源地的云南分布有26个种和变种。2007年编写的《Flora of China》英文修订版第12卷沿用了闵天禄对茶组植物的分类系统，将国内茶组植物重新整理修订为17个种和变种，其中云南有13个种和变种，占总数的76.47%。

云南的高山褶皱间，从海拔400米到2700米，从亚热带常绿阔叶林到热带雨林，从高山旱地到荒山野坡，以至于当地居民的房前屋后，四处都有茶树的身影。作为一种异花授粉植物，种子自然杂交，每一棵茶树都有自己独有的特征，而这些特征又组成形形色色的种群。当地少数民族的生活方式保护了茶树资源，使高度的多样性依然存在。

光是走在老班章茶园里，仅从外观上都能感受到这种多样。哈尼族将老班章茶园中的茶树大致分为四类：苦茶（老曼峨种）、甜茶（帕沙种）、黄叶种和多脉种。

老曼峨种叶片偏小，色泽黄绿，叶质较硬，滋味上偏苦，在老班章茶园比较常见。传统观点认为，老班章于公元1476年建寨，在哈尼族来到这里前，这里是老曼峨布朗族的住地，已经种满了布朗族喜爱的苦茶。哈尼族抵达后，老曼峨头人便分给老班章人一些土地以供他们生息繁衍。这些苦茶变种便是布朗族留下的茶树品种。但随着苦茶与哈尼族关系研究的深入，我们认为苦茶种也可能是哈尼族带来的，他们把苦茶种当作礼物送给了布朗族。

除了苦茶以外，帕沙种在老班章茶园里面也十分普遍，帕沙种是老班章的杨姓家族之一从北边帕沙迁徙至此地时带来的茶种。和老曼峨变种一样，经过了多代的繁衍，保留了原帕沙种的部分基因，与真正的帕沙种略有差异。帕沙种叶大，成熟叶片足有脸那么大，叶质柔软，叶身背卷，喝起来香香甜甜。与其他的茶树相比较而言，帕沙种的叶色比较深绿，叶形呈圆形或椭圆形，芽头较肥壮。

黄叶种又称柳叶种、细叶种。叶子偏黄，形状细长。这些细叶子茶零星穿插在茶园里面，没有固定的位置。黄色茶叶的形成是由于茶树芽叶因变异而导致叶绿素部分缺失，叶黄素等色素主导引起的黄色。单独的黄叶种香气高扬，喉韵深。

多脉种目前在老班章村仅余数棵，最大的特点是叶长，最长可达30厘米。在红河金平也有多脉种的发现，这或许是哈尼族迁徙之路上的小小注脚。

在喝茶人眼中，闻名遐迩的老班章茶是滋味丰富、协调厚重的代表。而这背后，正是品种的多样性支撑起了班章茶的苦、甜、香，具有难以替代的丰富性。

与老班章同属布朗山茶区的大勐龙，同样是哈尼族世代居住的寨子。大勐龙的密林中生长苦茶。在张宏达的分类中，苦茶（Camellia assamica var. kucha）归属于茶系，属普洱茶种（Camellia assamica）的一个变种。

只有终日与茶相伴的茶农才能分清苦茶与一般茶树的区别。大勐龙茶农李荣把我们带到他家附近的甜茶茶园。作为当地人，他区分甜苦茶简单直接，苦茶"白森森的，滑一些"，甜茶"深绿，癫一些"。苦茶有三个特征：一是苦的强度高，如黄连一般；二是苦中无甜；三是苦长，饮

老班章茶园里帕沙种与老曼峨种对比

后苦感会持续十多分钟，但极苦之后，喉咙处会升起一股清凉，继而是甘甜，极好诠释了有苦才有甜的道理。苦茶成为被追捧的对象，茶农如今都单独把苦茶挑出来售卖。

在哈尼族的生活中，苦茶作为药物饮用，可解毒、退火发汗。研究发现，苦茶的茶多酚含量比一般大叶种茶树高，并具有特征性成分——苦茶碱。目前，大勐龙的苦茶不仅是当地哈尼族引以为傲的产品，更受到学界重视，可以作为优异的适制红茶资源加以推广利用。

传统品种多样性成为当地农民生计战略和茶叶品质的重要组成要素，更重要的是物种基因的丰富性，它保证了茶树面向未来时的抗风险能力。当下分化出的物种越多，未来抗风险能力就越强。

1973年底及1974年初，西双版纳勐海县遭遇严重的霜冻灾害，最低气温达−5.4℃，结冰期长达半个月，霜期持续两个多月。受冻的茶园面目全非，95%的茶树树皮开裂，叶片变色蜷缩，像被大火烧过。但正是在这样严酷的环境中，选育自南糯山的一批茶树却经受住了考验，表现出非一般的抗寒能力，其基因优势显而易见。这批饱经风霜的茶树在1987年被审定为国家级良种——云抗10号、云抗14号、云抗43号。其中，云抗10号成为云南茶区种植面积最大的无性系良种。

火塘边，盛放在竹篓里的茶叶

勐海目前作为茶树的基因库，于1990年建立"国家种质勐海茶树分圃"，用于保存中小叶茶和大叶茶资源，是世界上保存茶树资源类型最多、遗传多样性水平最丰富的茶树种质资源平台。勐海茶树分圃累计保存了1199份茶树资源，包括野生型资源244份，栽培型资源953份，过渡型资源2份。此外还保存了27份山茶属近缘植物和4份远缘植物。

红河州是另一处哈尼族聚居地。湿热的环境使这里成为植物演化的天堂，而传统的耕作方式则使各物种遗传资源在农业生态中不断变化演进。与哈尼族生活密切相关的稻作植物就是最好的例子。经南京农业大学团队调查，在元阳县的30个村寨中，共种植有135个具不同名称的品种，其中100个为传统品种。而每个哈尼族村寨平均会种3个品种的水稻，极大的丰富性使元阳成为稻作植物的资源基因库。

除了高度丰富的稻作植物，红河州也是茶树资源基因库。事实上，红河州是云南茶树资源最为丰富的一个州，共有12个茶树品种。这里有相对稳定的地理环境，没有受到第四纪更新世的冰盖侵袭，因此温暖湿润，成了茶树的演化中心之一。根据云南自然地理差异和古茶树资源分布状况，可将云南古茶树资源的地理分布大致划分为滇西、滇南和滇东南三个区域。其中，滇西地区是大理茶（C.taliensis）的主要分布中心，滇南是普洱茶的主要分布中心，滇东南则为厚轴茶（C.crassicolumna）的主要分布中心。红河州恰好位于滇南和滇东南交界处。这里不仅有栽培型茶树，还有厚轴茶、大理茶、秃房茶（C.gymnogyna）等总共12种茶树。野生茶种的高度集中，反映了红河州茶树的古老性。而居住在这里的哈尼族，很早之前就开始使用这些野生茶。这种驯化和选择到今天也没有终结。

植物学家眼中的茶树分类，在哈尼族长期的经验积累下被细化成了百余种不同的地方品种。位于绿春县马玉村的多脉茶早在1728年便已作为商品销售，还能制成晒青竹筒香茶或绿茶。除此之外，金平苦茶、哈尼田大山茶、车古茶、白沙野茶、云龙山大叶茶、云龙山中叶茶等不同品种的茶，很早就被哈尼族所熟知并使用。

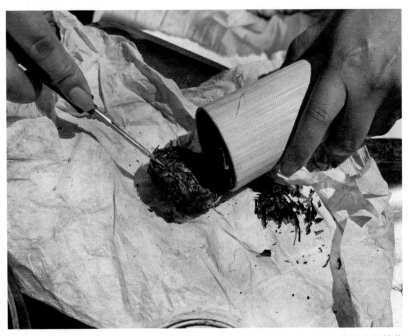

哈尼族竹筒茶

茶农在茶园里劳作

语言学中有一个流传甚广的列表——《爱斯基摩语中100个表示雪的单词》。这份列表试图告诉我们，雪在因纽特人生活中非常重要，因此他们能精确地把不同阶段、不同状态的雪用不同概念表示出来。虽然这个说法被证实为假，但在这里却可以给人以启发。在哈尼族的语言中，茶被叫作"老拔"，这和汉族的"茶"、傣族的"腊"都有较大差异。"老"意为祭奠天神、欢聚游乐；"拔"则为生长旺盛之意。围绕着茶，哈尼族有"拔玛"（大茶树）、"绘图老拔"（土锅茶）等丰富的词语。在和茶接触的过程中，哈尼族赋予了茶重要的地位，在对茶的解释上发展出了自己独特的世界观。

在上千年的迁徙史中，哈尼族形成了地种到哪里，茶树就种到哪里的习惯。从哀牢山的镇沅到无量山，从红河到西双版纳，茶用它的清香伴随着一个民族生息发展，让艰辛的旅途多了一丝慰藉。

半山经济

茶树王的死亡以及对生态的反思

1993年，中国茶叶进出口公司高级经济师王郁风来到南糯山朝拜茶树王，结果他看到的却是与照片上完全"面目全非"的大茶树——树枝枯死，碗口粗的枝丫已锯掉至少十丫，剩下几丫，着叶极少，处在枯死进程中，不久也得锯掉，只剩下一个枝丫着叶尚可。总印象，这株活了800年的茶树王已濒临死亡。

那个时候，抢救茶树王的工作展开已久。云南茶科所的李远烈是南糯山茶树王保护的具体实施人。根据他的介绍，先是在勐海县设立了保护茶树王委员会，又下设茶树王办公室，确定以茶树王为中心的保护圈。

保护细节的技术动作有修除病虫枝，用虫蜡与虫胶对切口密封；清除苔藓地衣以及其他寄生物，用0.2%浓度的硫酸铁喷洒杀菌；打各种农药清农害；填补已空树洞；挖出板结土壤，替换有

机沃土，另外施用农家肥；用农药为土壤
杀虫。①

但猛药没能救活茶树王，1994年，南糯山茶
树王还是"脖子一歪"，死了！

李远烈后来总结说，这是生态大环境变迁所
致。20世纪五六十年代，他多次陪同不同的人参
观南糯山大茶树。当时的环境是：野鸡鸣叫、鹿
兔奔跑、野猪游荡，猴群在树林中嬉戏，不时还
有虎豹出没，花果藤蔓挂满树干，鸟语花香，参
观者还需要带枪前往，保护安全。各种动植物相
得益彰，处在一种平衡和谐的生态环境中。大茶
树周身披绿，生机盎然，安乐舒适地生长在树荫
之下。人们知道，茶树有喜温、喜湿、耐阴的特
性。随着社会的发展，人口的增加，人们受到经
济利益的驱使，乱砍滥伐，优越的生态环境被破
坏。茶树王暴露在光天化日之下，各种病虫害也
蜂拥而至，茶树王周围千百年来的优质环境荡然
无存。所以，在实施保护工程之前，茶树王已是
奄奄一息。虽然采取了各种保护措施，也只能暂
时改变一下其生存条件，无力改变造成其死亡的
大环境。

20世纪初期，曾经担任过云南茶叶科学所
所长的张顺高就反思说，南糯山栽培型茶树王的

①李远烈：南糯山栽培型茶树王保护实践，中国古茶
树遗产保护研讨会交流论文，1994年4月。

生态环境，在一边抢救时一边被继续破坏了，维系南糯茶山16000亩的森林，现在几乎全部被消灭了。死的不只是茶树王，还有许多其他的大茶树。

茶区生态破坏严重，一个主因是茶农传统知识被贬。在南糯山，哈尼族原有的传统知识被贬，如村寨防护林、水源林、采集经济林、龙山神树等，过去这些林子与神和命运相连，不得随意进入和砍伐，现在大都被革了命，赶走了神，消灭了树木。

愚昧、眼前的个人和团体利益加剧了森林的消失，许多珍稀茶树个体、大片茶园被砍伐毁灭。勐海班章在20世纪50年代，还有叶长30厘米的大叶茶，现在呢？完全消失了。数年里，元江糯茶从400亩直线下降为50亩，存在的也是衰老不堪。在保山，许多茶农把大片大理茶砍倒采茶，砍倒种地。古六大茶山很难看到大茶树，大部分茶树都在推广橡胶树以及其他农作物时被砍掉了。

常年观察南糯山古茶园的肖时英把这片茶园称为森林古茶园，主要理由就是茶树融入了森林之中。张顺高观察发现，正是茶树与森林休戚与共，混作共生，才缔造了南糯山的生物多样性。

古茶园里有锥栗、杨梅、多依树、柿子树、黄樟树、木荷、山扁豆、羊蹄甲、攀枝花等。这

南糯山茶园

茶林混生

些植物有的长得很高大，可以为茶树遮阴。在中间状态的茶树，喜阴喜湿还有藤本姜科等阴生植物以及药材、野蔬菜等。

通俗来说，最上面是长得高大的乔木层，中间是茶树以及其他灌木层，最下面是草本植物木植物层。

一般每亩种茶100株左右，上层大树3—5株、中小树几十株，茶树靠稀疏的林冠遮阴防风、防寒，增加湿度，缓冲温度变化，保持茶芽嫩度，提高茶叶品质，延长茶树寿命，还靠林冠的枯枝落叶与活枝叶，对地面进行双层覆盖，保水保土，增加土壤有机质，富集矿质营养，提高土壤肥力，靠根系的新陈代谢和枝叶归还、疏松土壤。这种林茶结构，长期收获茶叶，经济效益持久。森林对茶树的保护奇迹，不是人力所能达到的。

张顺高感慨地说，南糯山这样的混林茶生态系统，在过去被视为一种落后的生产方式，是需要改造的对象。但在今天，我们受困于生态问题，才返回来看到它的高明之处。

分析报告显示，茶树王附近的土壤有机质层厚50厘米，含量高的可达10%。良好的生态环境，造就了良好的茶叶品质。据1988年春茶蒸青样分析，水浸出物达50.35%，茶多酚达42.27%，儿茶素总量为154.45mg/g，氨基酸含量为

428.6mg/100g，正是优质茶的内在因素。这种混林茶系统，在生物学上，它使茶树回到了完成其系统发育的森林的怀抱。在生态学上，由于植物的多样性，造成了动物、微生物的多样性。茶树依靠生物的多样性所组成的食物链和生命之网，具有自校平衡的功能，可保持生态系统的长期稳定而不崩溃，病虫灾害基本没有，更无须化学防

南糯山茶园土壤

治，造成污染。

生态退化以及人口急剧上升，人定胜天的种种口号及行径毁灭了森林，破坏了哈尼族的本土知识与信仰。

著名作者阿城有本以西双版纳为背景的小说《树王》讲的就是这种情况，一群知青一定要砍掉百姓的神树，树王只能默念：砍不得砍不得。最后还是砍了，树王以身祭树。

肖时英把每次到南糯山考察都称为享受，整个茶山融入森林之中，伞弧形的古茶园是哈尼族种茶的一个标志，重揉捻让南糯山的滋味更悠长。

茶山带路人刘江海2000年前后带人去看南糯山茶树王，沿着江走水路摆渡更近。他2004年在南糯山半坡老寨建了第一家客栈，接待来自世界各地的探险者。也顺江追着哈尼族的脚步，去寻找茶香。刘江海说，以前茶价不好，南糯山的女孩子就开了足疗店。别人问怎么手法那么好，她们就回答说，这是一双揉茶的手，连茶都揉得那么香，怎么会捏不好一双臭脚？

以茶为要素的混农林系统

从红河迁至西双版纳，随着环境、水热条件的改变，哈尼族也从以水田种植为主转向以粮食为基础的茶叶专业化生产。仅以南糯山为例，目前保留下的百年古茶园仍有12000亩。

就像张顺高指出的那样，哈尼族世代守护的混林茶园是一种最古老的茶园模式结构和最古老的农艺技术。茶树可能是特意被种在森林中，或是种在未经彻底破坏的森林开垦地上，让茶树与多种树木同时长成。这类型的古茶园都采用单株栽种，每亩100—200株，最终茶林和森林构成了一种结构稳定、能自校平衡、充分满足茶树生态要求的生态系统，给居民提供永续利用的经济效益、生态效益，保持了良好的生态环境。

11月的南糯山，最后一锅秋茶刚出锅，我们在石头老寨茶农李若三的带领下走进古茶园。南糯山被称作"气候转身的地方"，进入南糯

雨后的南糯山

山地界，景洪的炎热一下转为凉爽。这里常年雨水充沛，云雾缭绕，最多的时候，一天能下10场雨。石头老寨是南糯山海拔较高，也是最为古老的寨子之一。正午的太阳光很强烈，走在古茶园中，却不会感到阳光刺眼，反倒迎面感到一阵阵湿润。走在坡地上很难分清哪里是茶林哪里是森林，二者交织混种在一起，顶层的大树正好阻挡了正午的太阳光，洒下点点斑驳。茶树是一种喜阴喜湿的植物，顶层的大树正好提供了茶树所喜爱的环境，防日灼，减少地面水汽蒸发，也有利于茶树积累更多风味物质。

茶园的茶树高度在3米左右，每棵与每棵之间大约有2米的间隙，留足了生长空间给茶树伸展枝条和根系。我们问起这样的种植方式是否有讲究，李若三想了想，觉得这似乎是个奇怪的问题，"没什么讲究，就是人走两步挖一个坑，一个坑放一两颗茶籽"。如今古树茶在市面上以滋味醇而不涩，品质优异而受到欢迎。而品质优异的主要原因就是古茶树的生长空间大，根系供给养分更充分。或许是不经意，又或许是古老的经验，造就了古树茶品质的优越。

哈尼族一直延续这种古老的茶树种植方法——穴种法，即在山坡上挖个洞，再撒入一两颗从茶树上收下来的茶籽。穴种法来自种瓜法，是在唐代就非常成熟的一种农耕技术。陆羽在

古茶园里的小茶苗

《茶经》里便有过总结："凡艺而不实，植而罕茂，法如种瓜，三岁可采。"说的便是种茶如种瓜，需要将籽撒入土中种植。

李若三回忆起20世纪80年代的南糯山，那时石头寨大面积推广等高条植茶园，正是我们常说的台地茶。为了保证茶树性状统一和高产，茶科所试图以无性系茶树替代茶籽直播的茶苗。村民们种下后发现这样的无性系茶苗存活率很低，其次在滋味上也不如茶籽种出来的味道足，于是渐渐淘汰了无性系茶树，只保留着有性系的繁殖方法。

秋季正是茶花盛开的时节，茶树和地上落满了白瓣黄蕊的花朵。地上除了茶花，还有厚厚一层枯叶，这也是混林茶园的高明之处。高层树木的落叶和茶花落下，继续滋养茶树。层层叠叠的

茶花

枯叶下，停下脚步还能听见窸窣的小虫活动的声音。这些我们可见的小昆虫不断分解枯枝败叶，其活动又为不可见的微生物、真菌提供了食物来源，土壤中可供植物吸收的养分则和土地中的微生物息息相关。

李若三很少对茶园做过多管理："茶树不用管就长得很好，山里也不缺水，只需要每年秋季修修枝，除除草。有些茶园看着是修枝修得多，松土松得勤，但那不是管得好而是管得太多，很多茶树几百年没人管都活下来了，反倒是近几年被管得太多死掉了。又或者有些人会为了增加第二年的发芽率而砍茶树，茶芽是发得多了，但这样一来茶树的品质反而下降了。"

茶园里的古茶树即使每年采收，茶树也依然老当益壮。人、茶、森林、动物、微生物构成了以茶为要素的混农林系统，在这个系统中的每一个生物都是必不可少的重要一环，它们之间有着千丝万缕的人类还难以看清的联系，这些联系将整个系统编织成一套精密的互利共生系统：上层是大树，中间是茶树，茶树上有附生植物，茶树下还供各类灌木、小动物、昆虫生长。得益于这片健康森林的庇护，茶树才能历经数百年风雨依然枝繁叶茂。过度干预茶树，反倒是在不经意间破坏了这种平衡。

另一个哈尼族村寨老班章同样也遵循着不过

茶芽

茶果

多干预的茶园管理方式。为了保护茶园生态，村规民约明确规定了村里的茶园每三年才能翻一次土。

除草方面，老班章村民李政明的方式最为讲究。他不是简单地将除掉的草留在茶园中，而是将杂草和落叶一起埋到特定的位置，"在埋的时候还要看茶树生长的位置，如果是有坡度的位置就要顺着坡度在茶树上方埋，这样营养就能顺着坡度流下去，没坡度的平地就直接埋在茶树附近就行"。

这种管理方式和近年兴起的"自然农法"理

念不谋而合，处在自然状态中，与自然共生，在墒增和墒减中间达到了一个微妙的平衡状态。

微妙的平衡需要几百年才得以形成，却也可能在一朝一夕间就被破坏。以茶为要素的混农林系统依然带着采集农业的印记。对于居住在半山的哈尼族先民来说，茶叶往往是唯一可以和山下居民交换的物品。商品经济不发达时，古树茶较低的产量仍可以满足居民副业性的生产需要，当商品经济愈发强势时，经济效益更高的茶园便取代了古茶园。在很长一段时间内，古茶园是低产能茶园的同义词，一些人对其存在的合理性存在这样那样的偏见，并称其为"原始""落后"。于是在倡导进步的时代，在"以粮为纲"的口号下，整个西双版纳对古茶园进行强采重摘，直接挖去古茶园，改种高产茶园或单一粮食。数十万亩森林在短短10年内变为荒草山，进步并没有带来问题的解决，反倒是使生态经济出现恶性循环，茶园衰败，土地退化，生态失衡。生态越失衡，越得砍树种粮食，不然人吃不饱饭，何谈生态？

1985年，时任茶科所所长的张顺高在古茶园的启发下总结传统的半人工、自发的混林茶系统，要求按生态原理和生态规律，建立多样多层的人工生态系统——复合生态茶园。随着1986年星火计划的开展，在废弃的荒山上种下了生态茶园以保护水土，恢复生态；提升粮地单产以保证粮食充足，减少轮歇。经过几年的努力，南糯山的耕地减少，林地增多，生态平衡得以逐步恢复。李若三回忆起过去时也表现出无奈。那时他刚当完兵回到家乡，为了在村里评优，他首先要做的就是去山里砍树，"现在大家都不砍树了，环境好的茶园做出来的茶更好喝，也能卖上价格。看到生态不好的茶园，来的客人可能扭头就走了。不过好在森林长得快，过两年就恢复了。有段时间山里几乎见不到麂子，最近慢慢又能见

冬季，茶花落满地

着它们的身影了，还能听见山里的山鸡叫唤了。小时候我们只种一些自家吃的粮食，其他的蔬菜则是要到山里去找，山黄瓜，山野菜，还有很多我只能叫出哈尼族名字的野菜"。

如果要给现代生物多样性的研究确定一个开始时间，应该是在1986年9月21日。这一天，美国国家研究理事会在华盛顿特区联合举办了生物多样性国家论坛，并于两年后以《生物多样性》（BioDiversity）为题出版会议成果，"生物多样性"一词由此确立。从那以后，世界各地的科学家、植物学家、生态学家逐渐意识到生物多样性对维系地球生态的重要性，也一直在为保护生物多样性而努力。

尽管出发点、目的不尽相同，但在西双版纳的哈尼族却在很早就将保护生物多样性的智慧融在了生产与生活中。对森林的珍惜，让混林茶园得以留存，而这些生态系统又庇护了无数生物栖息于此。生活在这里的哈尼族同样受到自然庇护，以一种平和永续的方式和自然共处。古老的生态文化智慧，客观上起到了保护环境和生物多样性的作用。

在哈尼族的宇宙观里，宇宙是一个活泼运动着的生命体，世界万物也是一个活泼运动着的生命体。它们的活泼运动和人的活泼运动是一体的。尽管一些人对其存在的合理性存在这样那样

的偏见，并称其为落后，但其生态文化对人与
人、人与社会及人与环境的认识和处理方式有着
其自身特有的价值。这是过去人们视线所不及的
边缘地带，但正因边缘，这种智慧带着截然不同
的视角，给未来的生态发展和人类发展带来了若
隐若现的启发。

哈尼族竜巴门上的刀枪

与古茶树相遇

《茶经》开篇提到"茶者，南方之嘉木也"，可以想见在过去长江以南地区应有许多古茶树的身影。然而这样两人才能合抱的大树如今只有云南才连片分布。南糯山的古茶山，在整个西双版纳都赫赫有名。据统计，勐海县目前有古茶园8万亩，而光南糯山就拥有1.2万亩古茶园。

没人能真正说清一棵古茶树的年龄。老茶树王800年的数字是通过哈尼族父子连名制一代代往前数出的。对于茶树树龄，到目前为止也没有准确无误的测算方法。一般在成长期的小树，可以采取砍倒数年轮或是生长锥取样，但对珍贵树木无法在树上钻一个洞，死去的树木可以采用放射性同位素的方法，但误差较大。同时，一旦过了青壮年期，数年轮就不再有效，极为缓慢的生长速度意味着相邻年轮之间的距离不足1毫米。它们似乎有意对抗着人类想要数清年龄的意图。随着古茶树的衰老，有些开始变得中空，有些则是老树干和后来新生的侧枝扭在了一起生长。树干的一部分或一根树枝无法代表一整棵树的准确年龄。对于茶树而言，古茶树不一定都是大茶树，大茶树不一定全是古茶树。大茶树对应的是树的形状，而古茶树重点在于年龄。当茶树树龄达到100年时，这样的树就叫古茶树。在许多村民的祖辈记忆里，茶树好像一直都是这个模样，不曾有太大变化。专家们对于茶树年龄的推断，只能结合生态学类推、历史考证、传说释析综合来推算。推算的参照物，主要以南糯山800年茶树王为基础。哈尼族协会传承人卓伍则告诉我们另一种判断树龄的方法：数树瘤，一颗树瘤可大致算一百年。正如哈尼族人把迁徙的历史凝结在服饰的各种纹样中，他们与茶树的历史则被凝结在一个个树瘤中。

实际上，这些都是市场导向下的不得已之举。真正来到古茶树面前，一切数字都成了冗余，古茶树自身的古老气息已经说明了一切。

李若三带我们去看的这棵古茶树位于道路的坡下，隐藏在一片茶园中，走在路上只能看到茂密的树冠。手脚并用爬下坡，才得以见到茶树的全貌。这棵高约4米的古茶树有着比现任南糯山茶树王更宽阔舒展的枝条。它们从主干向四周伸展，呈现出花朵一般绽放的姿态，赋予茶树一种动态之美。这并不是茶树自然生长的树形，而是哈尼族人通过压石法等农艺手段使茶树枝横向生长来促进树冠扩大。在代代传承间，茶树的模样才逐渐定型。也因此，每一棵古茶树都呈现出不同的模样。李若三说，像这么大的茶树并不少见，越往山林深处走越多。根据其和茶树王类似的大小，估计也有800年树龄。

茶树周围架起了木架，是为了便于茶季上树采摘。我们试图爬上竹架，一米多高的架子摇摇晃晃，心也跟着慌，顾脚下便难以顾及手上，同时眼睛还得足够敏锐去找到茶芽。上树采茶实在堪比杂技。目前，古茶树的采摘依然采用人工

竹架子细节

为了方便采摘，搭了竹架子

采摘，讲究的人会用专门的布袋以免茶叶染上杂味。甚至除草也不用机械化工具，因为一不小心就会伤及茶树树干。这当然极为消耗人工，也和目前倡导的机械化背道而驰，然而这样做的目的依然是为了长远的实用性和经济性。要想让古茶树常年丰收，必须眼光长远，耐心并不一定意味着落后。和那棵闻名中外的"沙归拔玛"不同，这棵树没有名字，没有历史，至少，没有当下的人可理解的历史。

茶园的空气里隐约有着多依果的甜香和茶花的蜜香。在如此充满生机的寂静中，古茶树就站在那里，周围的竹架不是为了制约其生长，而是

多依果

让人得以接近它。它充满自尊与饱满的自信，丝毫不在意树下路过后生的评论。古茶树具有一种永恒性，无论何时，我们都会被古茶树这种充满活力、自然优雅的气质击中。这些伸展的枝条，不囿于人工与产量的期望，不被定义，植根于大地，明明白白地展现着茶树本应如此的姿态。

凝视古茶树，同时又被它凝视。在它所见过的风景中，有过风调雨顺，也有过风雨雷电下的侥幸逃脱，它没有丝毫畏惧，一一应对。在被我们发现之前，这棵茶树早已矗立在这里。有些感伤的是，即使在我们这群人里最年轻的人去世之后，很大概率这棵茶树还会茂盛地生长。我们中几乎没人可以见证一棵茶树从小茶苗生长为百年古茶树。无论在时间、空间还是生命力上，人在茶树面前都相形见绌。但一旦克服这种因为渺小而升起的恐惧感，就会发现古茶树一直敞开着怀抱，迎接我们走进一个辽阔和令人敬畏的宇宙。今天我们还能品尝到一杯沉淀百年的滋味，如同美酒，余韵悠长。

哈尼族人一代代对茶树及其环境的守护确保了这些茶树能留存下来。这些古老的生命，是对过去的记录和赞颂，是对现在行动的召唤，也反映了我们的未来。

美国保育运动先驱奥尔多·利奥波德（Aldo Leopold）在《沙乡年鉴》中曾提出一种新的伦理

学：土地伦理学。他认为，新伦理学需要改变两个决定性的概念和规范。

一是伦理学"正当行为"的概念必须扩大到对自然界本身的关心，尊重所有生命和自然界。

二是道德上"权利"概念应当扩大到自然界的实体和过程，赋予它们永续存在的权利。

在土地伦理这一点上，哈尼族等山区少数民族一直是先知先觉的。哈尼族生态观和我们以为

茶园里的蜘蛛网

"先进"的生态观最大的不同在于，哈尼族认为人和自然不是主体和客体的关系，其实人和一草一木一样平等，是自然循环中的一环。

当代设计以及无数的人为之努力直至老死的斗争，无非是为了舒适、繁荣、安全、长寿的生活，日益富足的物质却给了我们整个社会"单调的生活"面孔。为了安全，城市成了鸽子笼和马蜂窝；为了繁荣，我们沉默地面对我们丰富的生活样式变为单一的忙碌；为了舒适，我们开始不再在乎别人能否忍受汽车的排气排放物、空调的废气；为了长寿，我们开始盲从生产谎言与面具以此来安慰自己不再衰老……于是，生活变得越来越忙，我们成为整个机器上的一枚螺丝钉，不同的是这些都是我们心甘情愿的，因而也成了不可救赎的。

当人们越来越以追求经济利益作为学习生物的目标时，人对自然的理解就愈加肤浅了。土地远不仅仅是我们脚踏之地，一块可供人榨取的油田，土地自身或许更像是一个完整的有机集合。

无论是哀牢山还是南糯山，哈尼族用双手塑造的环境不仅完全契合自然生态系统的和谐与无穷循环，而且作为一种良性的农业生态系统，本身就是哈尼族宇宙观的生动展现。春种、夏锄、秋收、冬藏，随着自然的脉动，哈尼族因此生生不息。

半山经济

　　红河南岸，哀牢山中，当云雾弥散开来，层层叠叠的梯田从山腰一直绵延到河谷中。优美的流畅的线条如同神仙的画笔，勾勒出大地的多彩和丰饶。哈尼族用手中的锄头和犁耙，靠着"一把锄头千把汗，千锤万击塑深山"的精神将莽莽大山开凿成浩瀚梯田。梯田是这里的哈尼族生活的重要组成部分，亦是哈尼族社会历史发展的缩影。梯田文化是哈尼族文化的核心，哈尼族的政治、经济、文化、衣食住行、文学艺术等都是从梯田文化中生发出来的。

　　高山蓄水，引水下灌，在梯田耕作中，水以奇特的方式贯穿其中，成了哈尼梯田的灵魂。"山有多高，水有多高，田就有多高"是哈尼族代代相传的俗语，高山森林孕育的溪流、湖泊被哈尼族引入盘山而下构筑的水沟中，流入村寨，分水入田。梯田层层相连，水沟纵横，水顺着块块梯田，由上而下，最后汇入谷底的江河湖泊，又蒸发升空，化为云雾甘露和降雨，落回高山森林，如此循环往复，生生不息。

公元11世纪，为躲避战乱，哈尼族开始大量迁入澜沧江流域，这是哈尼族历史上的第二次大迁徙。也是在这个迁徙过程中，哈尼族先民渡过澜沧江，来到了西双版纳。他们选择的落脚地便是位于景洪和勐海的南糯山。

进入云南前的哈尼族以"游牧"为生，迁入滇西后他们出入崇山峻岭，逐渐从牧业转向农业，变为"游耕"，每两三年就举寨搬迁，寨随耕地走。但随着人口的增加、耕地的减少，选择一块安全的风水宝地扎根下来就成了新的出路。哈尼族该如何选择落脚地繁衍生息？

哈尼族古歌《哈尼阿培聪坡坡》里为哈尼子孙指明了方向：

上头的山包做枕头，
下头的山包做歇脚，
两边的山包做扶手，
寨子就睡在正中央，
神山神树样样不缺，
寨房秋房样样恰当。

睡在正中央的寨子，正是哈尼族分布的重要

特征——半山经济。

无论居住在哪儿，水在半山经济中都扮演了重要的角色，从森林向下的流水为寨子人畜提供水源，同时也提供丰富的蛋白质和菜蔬补充。水源处附近通常为"竜林"，平时禁止入内。村里的生活用水则继续往下流灌溉耕地。

目前，西双版纳著名的普洱茶产茶寨如老班章、新班章、帕沙、南糯山、大勐龙等均为哈尼族村寨。这些村寨无一例外都把寨子建了半山的向阳坡地，对他们而言，无论是上山打猎还是下山种田，行走的路程都不至于太过遥远。茶林往往位于森林和寨子之间的过渡地带。

村寨两旁是山脉，有流水淌过，村寨下方是缓坡或平地，已开垦出水田或者是轮歇地，即"森林—水源—田地—村寨"四度同构的生态文化。哈尼族生态文化通过实践发展而来，是关于人对周边生物、环境的认识，包括对村寨防护林、水源林、坟山林、"地母圣林"和"鬼神"居住的圣境进行分类。对此进行保护和相关的祭祀活动，体现了哈尼族和谐的自然观和生活观。

这样的选择在过去既有经济的考量，也有现实无奈的因素。对于生活在半山的哈尼族来说，首先自身属高原民族后裔，不适应平原地区炎热潮湿的气候。面对坝子中各种蚊虫疟疾或"瘴气"，哈尼族传统草药和应对措施可谓毫无招架

位于山腰的南糯山村寨

之力，一旦染上疾病，一不留神还会造成整村感染，因此下山从来不是一个理想选择。

对半山生活的偏好一直延续到现在，即使知道平坝早已无疟疾，哈尼族老一辈的人还是觉得"山上更好在"，自己的子女在勐海县城购房想请老人一同下山住，他们却更享受自己一人在山上的生活。

为了宣传自己的茶叶品牌"和森老班章"，老班章村民和森常年在全国各地茶博会奔波，出差的间隙，他总是迫不及待回到属于自己的半山"开心农场"——离老班章寨子10公里的小山坳处，在这里他靠着自己的双手开辟了一个半山小循环经济。低矮的沙地上开荒成稻田，种老品种稻米，可以吃，但最重要的是用于酿酒。山中的平地上建有简单的居所，居所附近有鱼塘，山顶上被雨水冲下来的肥料正好把鱼塘里的鱼喂得肥美。居所往上就是茶林与森林。和森养的小耳朵猪和鸡平时就散养在其中。

"猪和鸡是我的帮手，它们不会破坏茶树，还能帮我翻土、除草、吃土里面的虫子，这样茶树基本没有病虫害，我平时也不怎么管理。别看这些鸡平时优哉游哉的，白天是绝对抓不住的，只有晚上打着灯去树上找。"和森一边张罗着火塘，一边说着。他是有田园情结的人，对他而言，喂鸡、钓鱼、看看自家稻谷的生长状况、去

会上树的鸡

山里找找野菜、在火塘边做竹筒茶、喝自家酿的稻谷酒，是比什么都更能放松身心的事情。半山的小屋里没有手机信号也不要紧，一张床，一台不怎么看的电视已经足够。

屋外的猪在哼哧刨着地，鸡在打鸣，鱼在游泳，望着火塘上煮的茶渐渐沸腾起来，和森感到无比踏实。

哈尼族品牌

上山下山，两代哈尼人的茶之路

　　澜沧江边的告庄西双景，是景洪市内最热门的旅游打卡地之一。这里有民族风情浓郁的建筑、热闹非凡的星光夜市以及琳琅满目的东南亚美食，为本地居民和外来游客提供了休闲娱乐的好去处。除了美食与美景，告庄还有不少让人驻足品茗的茶空间。毕竟，西双版纳是世界茶树的原产地，是普洱茶产业重地。

　　最近7年，我们每年都会到告庄采访考察。7年来，告庄里的茶店一年比一年多，这里已逐渐形成了买茶、喝茶的氛围。在告庄经营茶空间的，有本地人也有外地人，有"大益""雨林"这样的行业大品牌，也不乏像"龙成号"这样个性十足的小品牌，但最有看点的是下山民族的自建品牌。随着普洱茶市场的繁荣，开始有山上的茶农"走下"山来，租或买下铺面，在告庄经营自己的茶店。

在告庄的大街小巷走一圈，你会看到以易武、革登、倚邦、老班章、攸乐、南糯等名字命名的茶店。如果你是第一次看到这些招牌，可能会好奇这些字是什么意思。这些看上去有些"令人费解"的字词，其实是赫赫有名的普洱茶山头。普洱茶除了越陈越香，还有百山百味，这些特点正是普洱茶的魅力所在。

告庄里的哈尼族茶店

11月以后，全国大部分地区都逐渐入冬，而景洪的午后依然艳阳高照，最高气温还停留在25℃上下。米索（哈尼族）经营的茶店门口鲜花盛开。为了招待我们，她拿出了2010年的竹筒茶。竹香与茶香交融，清甜怡人。米索是来自景洪市大勐龙贺南东村新寨的哈尼族，寨子里主要的经济作物有水稻、橡胶等，茶的产量比较低。米索进入茶行业，不是从故乡开始的，但她却因为茶，从外地回到了故乡。米索很早就离开了西双版纳，2004年在广西机缘巧合下接触到了普洱老茶，后来还在海南开过茶店。2017年，米索从海南回到西双版纳，决定在这里经营茶店，同时也在家乡大勐龙附近寻找合适的茶园。在她看来，茶不仅仅是一种经济作物，也是哈尼族文化的重要载体。她正在老家建一个茶空间，希望把茶的氛围带回老家。

米索告诉我们，在告庄开店的哈尼族茶农并不多，南糯山的佐折号是其中一家，而且做得不错。南糯山哈尼族茶农佐折的茶店，就开在米索茶店附近。在米索的推荐之下，我们跟着手机导航找了过去。佐折号茶店在告庄的位置属于"湄公河人家"片区，两层楼，一楼是商铺，面积大约30平方米，负责经营佐折号茶铺的是佐折的女儿折庆。佐折和折庆父女俩的名字，是哈尼族父子连名制的体现。

佐折家的铺面不大，但打理得井井有条。和大多数茶铺一样，茶店的中心位置是一张木制茶桌，茶桌旁是货架，货架上摆放着各式普洱茶饼。折庆穿了一件白衬衣，正边泡茶边和一位西装革履的业务员交谈。要不是在茶架上看到了一段漂亮的哈尼族手工织锦，我可能无法把眼前这位时尚干练的年轻女士和南糯山联系到一起。

这位南糯山的"90后"哈尼族女孩毕业于云南民族大学声乐教育专业，是当时村里为数不多的女大学生。折庆在家里排行第二，有一个哥哥

折庆茶店里的哈尼族手工织锦

在告庄米索的茶店里

和一个弟弟。在茶园里长大的她，从小就跟着大人去茶地采茶。折庆童年时期对茶叶最深的记忆来自嗅觉，这种味道就是茶树鲜叶的气息，清香中带着草青味。

哈尼族是一个能歌善舞的民族，大勐龙的米索曾是舞蹈演员，而南糯山的折庆是音乐专业出身。用折庆的话说"哈尼族唱歌就没有左的"，折庆凭着一副哈尼族天生的好嗓音考上了大学。大学毕业后，她留在昆明工作了半年，觉得不太适应，最后决定回版纳。回版纳之后，她没有从事与专业相关的工作，也没有回家做茶。她想多见见世面，历练一下，于是就去了一家地产公司当销售。伴随着城市建设的发展，景洪的地产行业蓬勃发展，选择在景洪购房置业的外省人也越来越多，地产行业为当地年轻人提供了许多就业机会。在其他地方，折庆接下来的人生故事应该是这样的：在地产公司辛苦打拼，从一名小职员开始，慢慢升职为地产公司的中层、高层，然后过上中产白领的精致生活。但在版纳，她的故事却是这样的：在地产公司待了半年，一套房子也没卖出去，反而因为南糯山哈尼族这一身份，吸引了很多人来找她买茶。经过认真考虑，折庆在2015年底回到了南糯山，开始和父亲学习做茶。

"我回南糯山学茶，边用手机听音乐边炒茶，我爸让我关了，他说这样会分心。炒茶的动

佐折做的南糯山茶

作看上去是重复的，但其实每一次翻炒都不一样，炒茶人要全心全意关注茶叶的变化，不能炒茶的同时做其他事。"在折庆的讲述中，我们了解到她父亲佐折是一位要求严苛的茶人。

很多人会以为，在茶山出生的人，应该对茶叶十分了解，但事实并非如此。在学生时代，折庆只把茶当作是习以为常的存在，谈不上喜欢或不喜欢。对很多茶乡的年轻人而言，城市里的可乐比家乡的茶更诱人。另一方面，茶文化的深邃与广博也会让很多年轻人望而却步，如果不是普洱茶产业的日益繁荣，折庆这一代原本已经走出村庄的年轻人或许不会回来，也不会深入了解伴随着自己出生、成长的茶树，以及祖辈传下来的茶文化。可偏偏，她出生在这样一个地方，又恰好遇见了这样一个时代。折庆回到南糯山之后，边学边做，一个春茶季下来，她学到不少茶叶知识，算是入门了，可以下山了。

2016年，佐折在告庄租了铺面，以告庄为一个点，销售佐折号普洱茶。折庆负责经营佐折号茶店，生活开始以茶叶为中心。从省城回到景洪，从景洪往返南糯山，一片茶叶为折庆敲开了新世界的大门。这片茶叶，打破了城市与乡村的对立，也打破了两代人之间的隔阂。折庆与茶的故事从南糯山开始，茶叶改变了这位哈尼族女孩的人生轨迹，也改变了整个村庄的样貌。

上山寻茶

从景洪告庄出发，沿着214国道，行驶30多公里就可以抵达南糯山大门。山脚下是流沙河，入山的地方有一个本地集市，出售茶叶、竹筒饭、芭蕉等当地特产。进入南糯山大门之后，车开始盘山爬坡。水泥路的两边都有茶园，村寨被森林和茶园环抱。村庄里的楼房依山而建，房屋以楼房为主，村庄干净整洁。

南糯山有30多个自然村（定居点），5000多名居民，以哈尼族为主。在进村路边的"云南'一县一业'示范县创建宣传牌"上写着："南糯山拥有茶树总面积21600亩，其中古茶树面积12000亩"。资料显示，20世纪50年代初，南糯山茶农户均有茶园6.75亩，当时就是西双版纳地区户均占有茶园最多的茶山。①如今，南糯山户均占有茶园在云南依然名列前茅，这些或古老或年轻的茶树，在这片土地上默默生长。

"高山云雾出好茶"是我们对良好茶叶种植环境的简单概括。这句话的背后，常常还意味着山高路远，难以抵达。与西双版纳的其他茶山相比，南糯山的交通条件还算优越。无论是从景洪出发，还是从茶都勐海出发，南糯山都容易抵达。1954年，昆洛公路（昆明—打洛）修至勐海，途经南糯山脚流沙河边；1957年修通沙南（流沙河—南糯山）公路，晴天可通货车，是勐海县首条山区乡村公路；1984年，交通运输部、省交通厅把南糯山公路列为世界银行贷款建设农村公路项目，这条公路1988年竣工，随之开通了勐海县境内第一条乡村客运路线。与其他茶区相比，进出南糯山都比较方便。便利的交通条件，为茶叶的流通和交易提供了基础。②

南糯山的平均海拔1400米，旱地多，水田少，茶叶长期以来都是南糯山重要的经济作物。人们习惯以澜沧江为界，把西双版纳的产茶区分为江内、江外茶区，南糯山属于江外茶区。在南

①西双版纳傣族自治州人民政府发展生物产业办公室编：《西双版纳州茶志》，昆明：云南人民出版社，2018年，第102页。

②勐海县交通局编：《勐海县交通志》（内部资料），2001年，第103—106页。

糯山上，流传着孔明种茶，用茶叶给士兵治病的传说。关于南糯山哈尼族与古茶园的来历，当地还有这样的说法：哈尼族先民原本是居住在北方的，后来一路迁徙南下，当哈尼族先民来到南糯山的时候，山上就已经栽种了茶树，据说是之前居住在这里的濮人（布朗族的祖先）栽种的。哈尼族定居在这里之后，守护着原有茶园的同时也

整齐的现代茶园

开辟了新茶园。

　　云南的哈尼族主要居住在山区和半山区。哈尼族创造出了不同于平原地区汉族的农业文明。生活在哀牢山的哈尼族，开垦出了举世瞩目的元阳梯田；南糯山的哈尼族与茶相伴，让"全球古茶第一村"的美名传播四方；老班章的哈尼族，也创造出了让世人惊叹的普洱茶财富故事。水稻以一年为周期，栽种与收获随四季轮转；茶树生长缓慢，几代人、几十代人都可以在一片茶园里劳作、在同一棵茶树上采摘。种植水稻与种植茶叶是两种不同的农业方式，这两种植物也构建出了同一个民族的不同生活。南糯山的茶树已经生长了千百年，而茶叶在最近半个世纪所带来的改变，是前所未有的。茶叶的发展其实只是社会发展的一个缩影，中国社会发展的速度、奇迹、矛盾，在一片叶子上也可以看到。

　　先天资源与后天机遇共同塑造了今天的南糯山。当我们驱车沿着南糯山的盘山公路前行，看着两边生机盎然的茶园，脑海里会浮现出哈尼族先民在这里辛勤耕作的背影，也会想到这座山与云南茶的现代化之旅。近百年来，南糯山一次次地参与了云南茶的起承转合。

　　1939年，云南省思普区茶叶实验厂在南糯山开设分厂，实业家、教育家白孟愚带领工人在南糯山开辟茶园，开办茶厂。南糯山的茶树资源优势，除了先天条件之外，也是后天努力所致。古老的种茶人难以追溯，近现代的开拓者被后人铭记于心。白孟愚时代就在南糯山种植了1000多亩近20万株茶树的茶园，如今，这些茶树也将长成百年古树。白孟愚之后，南糯山还经历了几次新茶园开垦，时间主要集中在20世纪60年代和20世纪80年代，茶园满山坡，都是由一代代人辛苦播种出来的。南糯山也走出了云南茶工业化进程的重要一步。南糯山制茶厂在1940年就可以年产15吨机制红茶（红碎茶）。20世纪50年代，云南省茶科所的科研人员在这里进行艰苦的研究工作，在南糯山选育了云抗10号、云抗14号等优良品种。1951年，在南糯山发现了一棵800年的古茶树，这一发现，改写了中国茶在世界的地位。因为茶，外界的目光多次聚焦到南糯山，这座山也吸引着许多人前来。历史的机遇、人潮的涌动，让南糯山的哈尼族保持着开放、合作的心态。他们不仅守护着古茶树，也让更多的人通过南糯山了解云南。

南糯山，全球古茶第一村

两张照片背后的历史

　　和平原地区人口密集分布的村庄不一样，因为历史的原因和地理环境的限制，云南山区的村庄往往分布得比较散，南糯山也是如此。南糯山是一个行政村，下辖30余个村民小组（定居点），这些自然村分布在山脚、山腰。南糯山寨寨都有茶叶，但古树茶主要集中在石头寨、姑娘寨、半坡老寨、多依寨等。过去的几百年，南糯山的哈尼族守着这片"绿叶子"，过着并不富裕的生活。

　　听寨子里的人说，姑娘寨是南糯山最古老的寨子，其他寨子都是慢慢分出去的。在茶叶价格低廉的年代，部分村民选择搬到交通更为便利的山下，而如今，山上的茶树成了南糯山最珍贵的财富。佐折家的茶店就位于姑娘寨的路边，路边的房子上挂着南糯·佐折茶号的招牌，房屋外还挂着一个写有手机号码的广告招牌，招牌上还有一行字——"爱茶就是爱生活"。路的两边都是佐折家的房子，茶室外的观景台是新修的，放眼望去，青山连绵，十分开阔。

初次见到佐折，他穿了一件浅色夹克，气质更像一个实干的企业家而非茶农。他邀请我们到茶室喝茶。屋里摆了一张木质茶桌，茶桌上摆满了各式茶具：紫砂壶、紫陶壶、铁壶、银壶、盖碗等。后来佐折告诉我们，这些茶具都是全国各地茶友所赠。茶桌后面的架子上摆满了七子饼茶，笋壳上写着"南糯山""半坡博玛"等字。"半坡博玛"是哈尼族语的音译，"博玛"是古茶树的意思，也作"拔玛"，"半坡博玛"的意思就是"半坡古树"。茶架上还有一栏图书，都与南糯山有关，随意翻了几本，扉页上都有作者签名，想必佐折与这些作者都认识，或许正像他今天招待我们这样，也曾与那些书写者一起喝茶聊天。佐折从茶室里屋的仓库抓了一把散茶，用盖碗给我们泡茶。这泡茶是半坡老寨2016年的古树茶，香甜度高，回甘悠长。南糯山茶园面积广，茶叶产量高，很难用一山一味来概括。在一些人看来，南糯山的茶没有特别突出的山头特点，香、甜、苦、涩的协调才是南糯山普洱茶的最大特点。

在南糯山上，许多茶农家的客厅或茶室的墙面上都会挂有装框照片，照片大多是茶园风光、

南糯·佐拆茶号远景

佐折带我们参观他的茶书画收藏

外出旅游的照片（许多茶农家里都有在北京天安门前的留影），这些照片把整个空间都装点得很热闹。佐折的茶室也不例外，墙上挂满了各种照片，有村庄风景的、哈尼族节庆的以及亲朋好友的合影，要说与其他茶农家不一样的地方，就是佐折家还有许多茶叶作家和专家的书画题字。《南方录》中就写过"茶道之中，重中之重，除却挂轴，别无他物"。城市里很多茶人的茶室里，挂轴也是必不可少的，内容多与禅茶一味相关，而在茶树原产地的哈尼族人家，人们喝茶的时候很少思考深奥的人生哲理，而是在满载亲情

佐折收藏的书画作品，大多是茶友所赠

与风景的房间里谈论日常琐事。这里的生活和饮茶，难道不正是说明了平常心是道吗？

佐折家茶室的墙上有一张黑白老照片，是一张大合影，照片上大约有六七十人。照片的背景是茅草房，从服饰打扮来看，有汉族、哈尼族和傣族等，照片上还有一行字——"勐海县1960年茶叶采摘现场会代表合影"。从字面理解，茶叶采摘现场会就是要解决茶叶采摘的相关问题，茶叶采摘会有什么问题呢？为了回答这个问题，我们需要回到60多年前去看看。

1960年，属于茶叶统购统销的年代，茶农和

茶店里的老照片

茶厂都按国家的需要和安排种植、生产茶叶。云
南省的毛茶收购由总公司下达给各地茶叶收购站
完成。关于当时的鲜叶采摘和收购情况，在《云
南省茶叶进出口公司：1938—1990》一书的1959
年大记事中写道："茶区在高指标的压力下，
实行强采粗摘的办法，全年完成产量26.3万担，
收购25.2万担。但茶叶质量下降，茶树生机受
损。"1960年的大记事中则写着："七八月间，
省财贸办公室多次召开茶叶电话会，要求各级政
府督促所属茶叶生产收购部门，鼓足干劲，千方
百计完成任务。于是各茶区人民上山，大采茶
叶，普遍出现'一把捋''抹光头'的采摘法，
甚至砍树摘茶，扫落地茶以充任务。年终总结，
全年发展新茶园不过10万亩，产量比上年下降两

万担，茶园进一步受损。"

从上面的两段材料中可以看出，采摘粗暴、产量下降、茶园受损都是当年实际存在的问题，问题的根源在于茶叶政策以及生产资料分配的不合理。许多人对过去抱有一种浪漫主义的想象，觉得过去的茶必然优于现在，是最自然、最生态的。而这些史料则告诉我们，"过去"没有想象中的完美，茶作为一种经济作物，它不是孤立存在的，与社会经济文化的发展息息相关，在60多年前，茶区的生产和生态都曾面临着诸多的问题。

视线顺着这张照片的左下角望去，是一张折庆与马云的合影，折庆穿了哈尼族传统服饰，马云穿了一件灰色的T恤，这张照片是2020年7月马云来西双版纳的时候拍的。那一天，折庆受邀为马云冲泡普洱茶。马云也是一位普洱茶爱好者，曾与功夫巨星李连杰发起了"太极禅院"，还联名推出了太极禅茶系列普洱茶。折庆与马云因茶而起的这张合照，恰好从一个侧面验证了当下普洱茶的热闹与繁荣。两张照片，从1960年到2020年，跨越了60年，我们的生活发生了巨大的改变，这种改变，也发生在这个祖国西南部的哈尼族村庄里。在佐折家的茶桌前，伴随着一杯南糯山好茶，他开始为我们讲述这些年来茶叶经济的发展与南糯山的变迁。

茶叶换来的盐巴辣子

佐折出生于1969年。在佐折的童年时代，南糯山的生活条件比较艰苦，村民的房屋基本都是茅草房。佐折家兄弟姐妹多，山上物资比较短缺。佐折从六七岁就开始跟着父母去采茶，当时山上的蔬菜、粮食基本是自给自足，但盐、油、辣椒等一些山上没有的生活必需品，就要用卖鲜叶所得去买。所以现在山上的老人还会念叨，当年的茶叶就是盐巴辣子钱。在交谈中，山上的哈尼族老人还提到，在傣族土司时代，茶叶可以用来抵税，也可以在附近集市上用以物易物的方式与其他民族换取生活所需。1949—1984年间，南糯山的鲜叶主要交给勐海茶厂设在南糯山的茶厂收购，当时还没有古树茶与小树茶之分，鲜叶严格按等级分，主要用于制作红茶。除了交给茶厂的鲜叶，哈尼族也会把鲜叶用蒸、煮或炒的方式加工后饮用。在他们的日常生活和节庆仪式中，茶叶都是必不可少的。

20世纪50年代，茶叶专家肖时英、张木兰夫妇曾在南糯山的茶叶试验站工作，据肖时英先生回忆，过去南糯山的哈尼族有一个约定俗成的采茶制度，如果自家的茶叶采不完，别人可以帮忙采，只要将所采茶叶的一半交给茶园主人就可以了。秋茶发芽时，付给同村采茶人的薪资就是鲜叶。在过去，这是云南农村很常见的一种互助模式，农忙季节，互相帮忙，以实物而非货币作为酬劳。在云南一些地区，历史上长期存在着换工的模式，同村之间以劳力为单位，互相帮忙，劳力就是酬劳，因此可供购买的货币在很长时间里显得并不重要。

1984年以前，国家对茶叶实行"中央掌握，地方保管，统筹分配，合理使用"的原则。无论是在南糯山还是其他茶区，茶农在这一时期主要负责茶园的管理和茶叶的采摘，不允许私自买卖茶叶。1963年，景洪、勐海、勐腊三县被国家列为民族贸易照顾县，对茶叶实行销售最高限价和最低保护，限价发生的差额列入政策性亏损，由财政补贴。种种原因叠加，导致在很长一段时间茶农的茶叶生产比较被动，积极性较弱，茶叶收入也比较有限。

时间来到1984年，一个深深影响中国茶业发展的重要文件——国发〔1984〕75号文件颁布，

在云南古茶山，采茶要先会爬树！

文件中写道：

长期以来，茶叶实行层层下达计划、统一牌价、固定调拨供应渠道的办法，造成流通环节多，渠道单一，生产者不关心茶叶质量和销路，企业缺乏经营自主权和灵活性。二是商品分配原则已不完全适应今天的情况。茶叶分配长期实行"保证边销、适当增加内销、积极扩大出口"的原则，在茶叶供应不足的情况下，国内市场基本上是有什么卖什么，有多少卖多少。一些专业茶店和零售网点被撤并，一些茶馆、饭店、浴室等供应茶水的传统业务被取消，茶叶多用途的新领域未及开发。三是经营环节多，费用大。在茶叶经营上，按行政区划设置经营机构，增加了环节费用，加大了成本。国内销售的茶叶销价高，影响了消费的增长。[1]

南糯山位于茶叶产销系统的源头，中国茶叶的问题在这里也有体现，包括之前提到的采摘问题以及茶农的收入问题。面对以上的问题，给出的调整思路是：内销茶实行多渠道、开放式的流通体制。除边销茶外，所有茶叶可以自由经销。所有茶叶生产单位和茶农，可以长途贩运，可以

---

[1] 商业部办公厅编：《商业政策法规汇编（1984年）》（内部发行），法律出版社，1984，第113页。

进城，可以加工，也可以批发或批零兼营。文件还提出要"继续发挥现有茶叶收购站点多面广的作用，改变与茶农的收购关系，成为帮助茶农推销茶叶的服务组织，只收取合理的手续费。有的收购站可以与茶农联营，也可以自营。无论哪种形式，都要为茶农做好产前、产中、产后服务工作"。

中国茶区面积大、涉茶人口众多，从茶园到茶杯，茶产业是一个关系民生的行业，正如文件中提到的"无论哪种形式，都要为茶农做好产前、产中、产后服务工作"。这一政策的出台，对于茶农来说，是前所未有的好机遇。新的时代，新的市场，所有人都在蠢蠢欲动。

和其他位于山区的西双版纳茶区相比，南糯山有交通优势，接触的外界信息也比较多，哈尼族茶农普遍热情开朗，乐于合作。20世纪90年代后期，南糯山已经开始有村民筹建自己的初制所，茶农开始自筹资金进行规模化的鲜叶加工。佐折的哥哥作散（音）就是其中之一。1998年，作散在南糯山建立了自己的初制所，早期主要做烘青茶。我们在作散家的茶室看到了1998年勐海县卫生局签发的茶叶初制所卫生许可证，签发时间是1998年10月，有效期至2002年10月。虽然证件早已过期，但是作散把这张许可证当作一份珍贵的历史档案展示了出来，也说明了他对这段历

签发的茶叶初制所卫生许可证

史的重视。在这个过期的卫生许可证旁边，是一张2017年由一家茶叶公司颁发的"精诚合作·原料供应商"牌匾。这两个"文件"放在了一起，正是这20年南糯山茶叶发展的两个缩影。作散家初制所的门口还挂着一个"南糯山多依寨茶业专业合作社"的牌匾。当下，茶叶合作社在南糯山发挥的作用并不被看好，很多茶农在交谈中都表示，南糯山并没有真正成功的合作社。我们先不去探究什么是茶农眼中"真正成功的合作社"，在南糯山茶业的发展过程中，我们确实看到了个体和家庭的强大力量。

南糯山多依寨的茶农专业合作社

哈尼族茶农的品牌时代

在南糯山，茶叶经济是灵活而多元的。茶农可以和初制所合作，出售鲜叶，可以和批发商、茶叶公司合作，出售原料毛料，还有不少茶农创立了自己的品牌，精心包装和打造自己的茶品，向外输出自己对茶的理解。这些模式并不互相排斥，也不是一个从低到高的演化路径。它们是交叉和重叠的，一户茶农可以同时采用多种经营模式，卖毛料和做品牌并不互相排斥。我们观察到，哈尼族茶农的品牌化过程，也是作为个体的哈尼族茶农对普洱茶产业发展的一种回应。

品牌（brand）一词最初的意思是"烙印"，是为了区别各家牲畜，在其身上留下的"烙印"。今天当我们谈论品牌，则会涉及很多错综复杂的概念，如：产品属性、名称、价格、广告、文化等。在佐折这里，我们先回到品牌最初的意思——"烙印"，看看这位哈尼族茶农如何

南糯山欢迎您

把自己的经历和时代的变迁"烙印"在了一饼饼普洱茶上。

品牌的形成是一个漫长的过程，20年来，佐折家也是从出售鲜叶、卖毛料，走到了拥有自己的茶叶品牌。佐折的童年时代物资短缺，他说自己基本没上过学，但从小就是干活的好手。在经营茶叶初制所之前，他还跑过运输，运输路线是往返南糯山与勐海，起早拉人拉货到勐海，然后返回，跑运输的同时也不耽搁管理自己家的茶园。在有自己家的初制所之前，主要是以卖鲜叶为主。

2003年，佐折开始经营自己的初制所。在普洱茶加工过程中，初制所主要负责把鲜叶摊晾、杀青、揉捻、晒青，当鲜叶来到初制所之后，最好24小时内就完成这些工序。开一个初制所需要的投资并不多，除了人工之外，需要有炒茶的锅（也可以是杀青机）、有晒茶的场所以及存放晒青毛茶的房间即可。存放晒青毛茶的房间要求干净、无异味。佐折的初制所最先是建在多依寨，在普洱茶行情起来之前，他生产过烘青茶，买过滚筒杀青机和茶叶烘干机。但随着古树普洱、手工制茶的潮流兴起，这些当年看来很先进的机器都已被佐折淘汰。现在佐折家初制所杀青茶叶用的工具是铁锅，茶叶杀青完成、手工揉捻之后，采用日光晒干，全过程几乎不用机器，主要靠人

颇具规模的初制所

初制所杀青茶叶的铁锅

力和手工，费时费力，但是市场会对手工制茶所耗费的时力买单。返璞归真是普洱茶行业的重要潮流，云南的山村正好满足了外界对返璞归真的多种想象。佐折2003年开始经营初制所并非偶然，他完全把握住了普洱茶发展的脉搏，准确地踩在了普洱茶发展的重要节点上。

从1984年茶叶市场放开至2000年之间，普洱茶的市场没有太大的波动。这段时间传统国营大厂的市场份额比较大，私营经济占比较低。2000年起，生产普洱茶的私营企业如雨后春笋般在云南出现。2004年2月广州春秋季优质茶评比会上，鲁迅先生收藏的一块3克重的普洱小茶砖拍卖出1.2万元人民币，创造了自有中国茶叶拍卖历史以来的纪录。借此机会，普洱茶一夜之间成为中国曝光率最高的事物之一。随后的各种博览会上，更高的"天价"普洱茶不断问世。这些大事件的影响如涟漪一般一层层地推开，唤醒了茶山，也给守护茶山的茶农带来了新的机会。一个普洱茶的全新时代从此开始。

面对普洱茶的新时代，佐折一边认真做茶，一边寻找新的机遇。最开始几年，他还没有找到自己的客户，主要是加工鲜叶，制成毛茶卖给勐海的一些茶企。后面几年，市场越来越热，佐折才开始寻找与精制厂合作，开始压饼，并推出自己的普洱茶品牌。佐折现在有80来亩古树茶，一部分是1978年包产到户的时候分到的茶地，另一部分是普洱茶市场还没起来的时候从搬迁下山的同村人那里买的。过去茶叶价格低迷，住在山上有诸多不便，于是很多人都离开了村庄，搬到了山下。佐折说他买地的时候就预感到未来茶叶价格一定会起来。佐折也经历过2007年普洱茶市场的起落，但幸好当时高价买入的茶不多，没有造成太大的损失。据一位2008年到南糯山收购原料的外省茶商回忆，和普洱茶的整体行情一样，当时南糯山的大树茶价格跌得很快，从上千元跌到几十块一公斤，即便跌了这么多，很多茶农的茶叶还是滞销。但是普洱茶的生命力并没有因此而凋零。2011年前后，普洱茶市场又慢慢回温，特别是古茶树的价格开始稳稳上升。

和哥哥作散家相比，佐折的初制规模要小一些。佐折只做古树茶，他告诉我们，佐折号每年的产量在2吨—3吨。佐折把南糯山古树茶分为三个等级：品质最高的古树茶2000元/公斤，接下来分别是900元/公斤和600元/公斤。这是佐折自己的价格体系，但并不代表南糯山的整体水平。我们询问过许多本地和外地茶商，对于南糯山茶叶产量和价格，他们都表示很难估计，因为范围实在太大了，茶园情况不一，价格差异也比较大。

佐折有三个孩子，大儿子是他在南糯山进行茶叶加工的得力助手，女儿则对外负责销售。

普洱茶晒青

关于每年做茶的投入和回报，佐折笑着说没有统计过，但从佐折家建房和买车的数量来看，他家的茶叶收入是十分可观的。我们喝茶聊天的这栋房子是2008年建的，是改良版的哈尼族干栏式建筑，上面是茶室，下层的空地上建有炒茶锅，摆放着一些简单的制茶工具，一层的地上铺了瓷砖，春茶季会在上面铺上竹篾，摊晾鲜叶。我们去的时候是冬季，没有进行茶叶加工，但一楼打扫得一尘不染。南糯山的许多茶农都早已意识到，要做好茶，干净卫生是首要条件。除了石头寨，佐折在多依寨还有一个初制所。他的茶叶主要是在多依寨进行初制。这对面还有一栋三层的楼房，砖瓦结构，只有屋顶保留了哈尼族传统建筑的风格。这栋三层的楼房是2006年建的，最近又重新修整了一番，花费过百万元。

为了方便让上山的茶友停留和观景，佐折去年新修了一个很宽敞的观景台，花费50多万元。这个看上去似乎有点"浪费"的空地，实际上发挥了很大作用。我们在喝茶聊天的过程中，有深圳、西双版纳、四川茶友路过，都停了车到观景台上拍照打卡。"我修观景台，主要还是方便大家休息拍照看景，也没想着修了别人来了就要进来消费买茶，路过100个人只要有一个人进来喝茶，买茶我就已经很满足了。"佐折说。这样的平台，在如今的南糯山似乎形成了一种潮流，可

晒青毛茶

普洱茶饼（生茶）

普洱茶传统笋壳包装

以晒茶、养花、观景，还可以供外来的茶友拍照、打卡。在佐折的微信朋友圈，他也经常更新从这个观景台取景拍摄的云海，十分壮观。

除了山上的楼房，佐折在景洪市也购置了商品房，最近10年还前后添置了4辆车，其中有奥迪车、路虎车，无论建房还是买车，都是茶叶带来的财富。因为茶树王的名声、哈尼族风情和便利的交通，南糯山成了景洪周边的一个热门旅游景点。佐折的客户遍布全国各地，其中很多都是老客户。如今，市场无处不在，移动互联网的普及，为佐折这样位于原产地的茶农提供了诸多的便利。我们在佐折家喝茶的那个下午，听到他在微信上用语音的方式，给客户介绍茶叶。我们准备下山之前，还有几个外地客户上山找他，喝了几杯茶之后，佐折就带他们前往茶树王参观。这应该是许多外地茶友来南糯山的经典路线。南糯山有很多佐折这样的茶农，从茶园管理、采摘、加工、仓储、销售都要参与，特别是在销售普洱茶的过程中，接触到各地茶友。茶叶是南糯山茶农了解外界的一个重要媒介。

对于云南山区农民而言，普洱茶称得上是一种"完美"的经济作物，资金投入不大，经营方式比较灵活。资金和技术有限的，可以以鲜叶采摘为主；有一定资金和技术的，可以进行初制；当资金、技术和资源积累到一定阶段，则可以参

南糯山观景台远眺

与精制和品牌的经营。在经营茶叶的过程中，茶农就具有了多重身份，他是农民，是制茶师，是商人，也是本民族茶文化的代言人。和大品牌相比，茶农的品牌特点是小而美。这些小品牌的影响力有限，但是和工业化的生产相比，人们可以通过这些小品牌连接到有温度的人。

茶圈里至今还经常有人为"中国七万家茶企不敌一家立顿"而感到惭愧，我认为大可不必。我们应该为中国茶产业产生了成千上万家茶农自己的品牌而感到骄傲。工业化的生产是标准化的、去个人化的，而在普洱茶产区，产业发展起来了，最大的受益者不是庞大的资本，而是在这片土地上繁衍生息的茶农，这或许才是最值得讲述的故事。

茶农将采摘好的茶鲜叶带回家

茶山里的新建筑

茶园与家园

　　今天，勐海县被称为"中国普洱茶第一县"，2018年全县境内注册登记的各类茶叶经营主体户达6206户，茶叶生产企业有282家。据2018年官方统计，勐海县从事与茶相关产业人数占当地总人口的83.4%，茶农占总人口的71%，种茶、制茶、卖茶的都属于与茶相关的工作。这样算的话，在勐海每10个人当中就有一个做茶的。在100年前，茶都勐海就给外乡人留下了深刻印象，其中一位外地人是姚荷生，他是西南联大的大学生，1938年毕业于清华大学生物系并留校任职。他在1938年冬参加云南边疆考察团去西双版纳考察，在西双版纳待了一年多，考察当地民俗、经济，写成了《水摆夷风土记》一书。他在书中指出，佛海（今勐海）是"夷区"的上海，而茶庄是佛海繁荣的基础。茶庄、茶厂、茶农都是勐海茶产业不可或缺的组成部分。茶，是这片土地的底色。

在漫长的历史过程之中，这种蕴含着苦涩与清香的绿叶给茶农带来了切实的收入，也为茶农的日常生活增添了许多滋味与色彩。我们经常从物质、制度和文化层面来探讨一个现象，茶毫无疑问是高度文明的产物。如今南糯山的茶农不仅进行着茶叶的生产，也进行着茶文化的再生产。与甘蔗、苞谷、橡胶等作物不一样，茶这一作物在全球范围的传播与流行，离不开文化的烘托。

广义而言，我们可以把与茶有关的物质财富和精神财富统称为茶文化。很多人认为，茶文化应该是雅的，是脱离日常生活的，但这样的定义未免太狭隘。茶文化不是单一维度的，无论是柴米油盐酱醋茶，还是棋书画诗酒茶，都是茶文化。茶的种植、品饮、冲泡以及与茶有关的文学、艺术等都属于茶文化的范畴。在南糯山，茶文化有着更多的表达方式和阐释空间，茶文化的雅和俗、朴素与奢华之间的对立已经被打破，在这里，茶文化的许多方面是共存的，茶文化也常常以其特有的方式传播。

喝完南糯山古树茶之后，佐折带我们参观他的房屋：一楼有一间茶室，里面摆着古筝、茶具等；二楼是5间可提供给朋友及客户居住的客房；走到顶楼（三楼）的时候，他推开了一扇老式的木门。房间的窗户很小，光线比较暗。我一开始以为这是他的茶叶仓库，他打开灯以后，才看到这间房的墙壁上挂满了字画，这些字画的主题都与茶有关，比较显眼的地方挂着"茶味人生"以及"茶可清心"，房梁上还挂了一幅"知恩图报"。佐折告诉我们这些字画都是茶友送给他的，其中有不少还都是茶友的原创作品。这些字画虽然不是名家之作，但却在南糯山得到了最隆重的礼遇。除了字画，这个空间还展示了哈尼族服饰、刺绣和农具，以茶为载体，外来文化和哈尼族本土文化得到了交流。茶不仅是哈尼族与外界相连接的纽带，也是哈尼族传统生活智慧的载体。在南糯山，采茶制茶与读书挂画并不矛盾。茶在这里，是生活，也是艺术。

"要感谢祖先，给我们留下了茶。还要感谢茶，天天感谢茶也感谢不完。"说到茶叶给自己带来的改变，佐折重复着这句话。他对茶的热爱，是发自心底的；对茶的感谢也是无比真诚的。折庆曾经为了看更大的世界，想留在大城市打拼，也曾去过竞争激烈的房地产行业，"做茶之后，才发现世界有多大，茶叶完全改变了我"。

南糯山村规民约的第八十一条写着："敬畏生命，保护生态，用心护茶。"在这里，茶叶和生命、生态同样重要，这是属于南糯山的"三位一体"。良好的生态是茶树和人赖以生存的基

茶店一角

础，而茶作为南糯山最重要的经济作物，它不仅是茶农的生计，也是茶农的生活。茶园把人留在了土地上，男女老少都可以参与到茶事业的不同环节。因为茶的兴盛，人们不用外出打工，没有留守儿童问题。下山的路上，我又想起了佐折家房屋外的那句"爱茶就是爱生活"，这不是一句口号，佐折做到了，我想，一些我还未曾来得及认识的南糯山茶农也做到了。

哈式下午茶

南糯山多依寨寨门

多依寨，哈式下午茶

我们要去的地方在多依寨，香庆的家。香庆还约了一位哈尼族的非遗传承人与我们一起吃饭聊天。香庆家的菜很地道，甜笋煮土鸡、白参炖鸡蛋、素炒小南瓜、火烧甜笋以及用芭蕉叶包好、蒸出来的新鲜蕨菜，不油腻，极健康。

香庆家的蒸蕨菜，不只是野生的，还格外新鲜，蒸熟后依然是翠绿色，好像使用了"乾坤大挪移"，只是换了个地方，从山野到了餐桌，用途却是两回事。山野间的蕨菜是观赏用的，餐桌上的蕨菜则是作为美食。烹饪也极为原生态，仅仅只有蒸熟这道工序，没有一滴油，更没有盐、味精之类的调料，苦味略重。我倒是吃了两枝，嫩叶穿肠过、老叶桌上留，吃起来口腔里全是清凉，还带着丝丝芭蕉叶的味道，齿间残留着山野的气息，残留着山涧、溪流边植被旺盛生长的气息。没能咬牙坚持再多吃，刮油啊！

　　我还惦记着香庆家吃饭的竹桌子、炒菜用的火塘，太有食物制作的感觉了！对，就是那种质朴，甚至是原始的烹饪感觉，能勾起诸多关于地道美食与乡愁的点滴记忆，亲切、温暖。

　　口缸茶，喝起来没有任何的违和感，相反，而是具有浓郁的生活气息，是扑面而来的真实感。茶是南糯山茶叶，是他们守护千年的古树茶，这才是最重要的。至于喝茶的杯子、冲泡的方式，都是次要的。在这里，在茶树的源头，都没有必要计较，随这座山的主人就好。他们吃什么，我们吃什么，他们喝什么，我们喝什么，但午饭谁都没有喝酒，兴趣也不在酒，围着桌子坐满了的人，所有的话题都是围绕茶叶渐次展

火塘边的罐罐茶

开——茶叶才是南糯山的王者。

我们见面的时候，卓伍老师穿戴一身非常整齐的民族服装。他直言这是职业习惯，之前在一个哈尼族的文化景点当解说员。更早的时候，卓伍是南糯山小学的老师。按照香庆的说法，他是整个南糯山最会讲哈尼族历史的人，这个信息很快就被证实了。我们才坐到饭桌上，就被卓伍老师的魅力征服了。南糯山及其古树茶的往事，在他的叙述里，变得脉络清晰，变得容颜可亲。虽然，普通话中带着浓浓的方言，但在问与答之间，激起了他更多的记忆与讲述，这不正是我们梦寐以求的史料吗？那一天，带给我们意想不到的惊喜，都与卓伍有关，或深或浅。

没有一个民族愿意忘记、丢掉自己的民族记忆，不管曾经经历过苦难还是辉煌，属于自己的印记都应该被记住，被书写。在卓伍的口述中，哈尼族在迁徙时就是这样的态度。最初他们把自己的大事件记录在牛皮上，意思是记在心底，后来发现了一种更好的方式，即记在服饰上，以图案的形式，代代相传。

根据当地哈尼族的父子连名制，可推算出他们已经在南糯山生活了57代至58代，已经历800多年的时间了。而卓伍，就属于第57代。

在卓伍的记忆里，旧时当地人对南糯山茶树老叶子并不杀青，而是烧了直接吃，准确地说，应该是烤茶，但烤的是茶树鲜叶，这样的效果一是脆、二是香，然后用土陶罐煮着喝。除此之外，他们还喜欢喝老黄片、竹筒茶。老黄片在哈尼族的发音为"老拔八嘎"（音），"老拔"是茶叶的意思，"八嘎"是老叶子的意思。但流传范围不算小的腌茶，在当地却很少做，他说墨江的哈尼族喜欢腌茶更多些。

南糯山哈尼族最初起一个汉族名字也充满偶然性，完全颠覆了我们的想象。"老一辈人没有汉族名字，新一代的才有"，卓伍说，"1949年后，第一代读书人开始起汉族名字，老师姓什么，全班学生都姓什么"，"远亲来（南糯山）避难，住了几年，与主人成为结拜兄弟，他姓王，大家都跟着姓王"。

在日常生活中，他们更习惯以哈尼族的名字来称呼，就像说哈尼族话一样普遍。茶，也融入他们的日常生活中，融入生活的方方面面，不仅是每天必喝，和吃饭一样重要，在待客礼节上还有着无法替代的作用。卓伍说，他们接待客人的礼节，第一是茶，第二是酒，第三才是吃饭，而在送别客人的时候，还要送茶，用芭蕉叶包好，方便携带。

茶，也延续到了他们的情感生活之中。男女恋爱时，女方会给男方一个小花包，作为定情之物；作为礼节，男方会送女方一个手镯。在提亲的时候，要送一小包茶，总不能空手而去。在结婚的时候，还要送茶礼。茶在他们生活中扮演的角色，又岂是人类的三大饮料之一能比拟的？茶是饮品，是媒介，是从生到死不断交集的伙伴。因为，它还是财富，可以继承。

南糯山哈尼族的茶园，还作为家族财产进行划分、送给子女，且基本是平均分配；如果家里没有儿子，女儿就平均分配；如果家里有儿子，而女儿嫁出去过得不好的话，也会分一点茶园给女儿，以此保证基本的生活。

南糯山古树茶主要分布在半坡老寨和竹林寨。卓伍介绍，20世纪80年代政府的科技人员指导茶农种植茶树，都是一沟沟、一排排种植；到了1986年前后，才有小树茶的概念。1949年以前，这里的大户人家有古茶园，也有稻田，穷人给富人打工；1949年以后，财富均分，茶园从个人财产到集体收归、统一管理，再到后来的每户分配。现在，家家户户都有自己的茶园，随着古树茶行情渐好，都在用心管理，也在慢慢地学着推销，推销自己茶园的鲜叶、干毛茶以及他们世代生活的南糯山。

"那个时候，老茶树王还没有死，我还是每年都要带着学生去给茶树王扫路。"通往茶树王的地方，政府铺好了台阶，"大约铺了800多台"，来一回要扫好几趟，因为是在树林，到了

去往老茶树王的台阶

秋天，落叶还是比较多。

香庆上小学的时候，也去扫过叶子，是劳动课。"老师说，清扫树叶，干净了客人才好走路。"她见过很多外地人来这里看树，那个时候，她不明白一棵树为什么会那么有魅力，她只是觉得上树采茶叶很累，"从大茶树上摘的茶叶，背到一厂去卖"。这些年，卓伍接待的访客有几万人，每次都会给他们说起茶山以及新旧茶树王的故事。他说，CCTV也采访过他呢。

我提了一个要求，能不能带我们去看看死去的茶树王。可是，卓伍与香庆都有些困惑，一棵死去的树有什么好看？况且，他们也多年未去了。多年是多久？就是自从这棵树在1994年死去之后，他们就没有去过。我曾经多次去革登看明清以来的茶王坑。倚邦祭风台孔明像落成那天，我又去茶王坑看了看，与朋友在那里喝了一个下午的茶。庆幸的是，我的挚友郭龙成在那里建了一个初制所，他要守护那个地方。

所以，我坚持饭后要去看看。这才知道，原来这棵著名的茶树王，不在山上，而是在山下。在我们经过的国道下面。这又一次出乎了我的意料。

吃饭的时候，卓伍继续为我们讲述哈尼族的历史与文化。我们自然最关心与茶相关的部分，桌上有茶壶，杯里有茶。"你看，我们哈尼族喝茶，是直接煮茶叶子"，卓伍说，选老一点的叶子，火上烤一下就直接放到壶里煮。所以你喝到的是茶最本来的味道。我问他，你们使用土陶罐吗？他说，以前有，但现在的这种喝法更是传统。张敏似乎发现了关键点，南糯山与其他茶山不一样的地方——鲜叶。在许多茶山，茶农采摘鲜叶后，自然是要杀青后再卖干茶。但在南糯山，远在民国年间就有现代化的茶厂，所以他们只要把鲜叶摘下来，卖到茶厂就可以，所以南糯山茶农家里连杀青锅都没有。

今天在南糯山茶叶一厂旧址，还可以看到昔日摊凉或萎凋的槽，香庆还记得她小时候背着一

南糯山茶厂里的废旧制茶器具

茗茶树王之路

箩筐鲜叶，卖不得几块钱。"都是今天说的古树茶，以前最不值钱了。"卓伍说哈尼语里之前没有今天"小树"与"台地茶"这种词汇，以前都是说"大茶树"，就是很高的树的意思。

陈文怀先生1960年来南糯山留下了一张照片，茶树王边上树的牌子上就是"大茶树"。茶区对鲜叶的态度，是我们这一次考察最为关心的

陈文怀与南糯山

话题。不同的处理方式，不仅有饮食习惯，还有民族风俗，受外界影响程度等等，比如在老曼峨，茶农用鲜叶做竹筒腌茶，口感更刺激；在大勐龙，茶农带着干巴去茶园摘茶，用新鲜的叶子裹着干巴咀嚼当午餐。但他们需要分辨出什么是甜茶，什么是苦菜。在勐宋，鲜叶杀青后再摊放、揉捻、晒青。但在易武，新采摘的鲜叶要先分拣，再杀青。杀青完还要成堆堆放数个小时。这是因为这里的茶梗长，杀不透。此外，还有茶叶多长时间杀青，是过夜杀还是连夜杀，这都会对茶后期品质有所影响。

我们喝着这壶鲜叶泡出的汤，吃着好吃的饭菜，聊着茶山的变化。香庆想做一个茶主题的民宿，她有一块不错的地方，这些年她发现仅仅靠卖茶、卖产品不太留得住客人，所以她想提供一个可以吃住的地方，让茶客更有感觉。其实南糯山已经开了不少这样的地方，还有不少名人在这里安家，著名的小说家马原就落户在姑娘寨。住进茶园里，住进森林里，住进梦幻里，我们这次考察下榻的雨林庄园，同样是这样的所在。

茶农在茶园里用简餐

哈尼族的火塘边，有暖茶有美食

千百年来，哈尼族的火塘，保持着亘古不变的温度，它一直燃烧在哈尼族的生命中。在哈尼族的精神世界里，火塘以圣火的姿态存在，至高无上。用柴火燃着柴火，火塘就温暖了家庭。

在哈尼族的生产生活中，火也占据了非常重要的位置。对于他们而言，火既是一种信仰，也是一种社会存在。"只要我们建房子，房头建出来，成了一户人，这个火就每天晚上都要生，家里也至少得有一个人在。如果一天不生火，寨子里的族人、竜巴头或者老人就有权利来罚你的款。不生火说明你对这个家、对这个寨子不负责任。"老班章村民二土说。

火，哈尼语叫作"阿扎"。哈尼族对于火的信仰，有这样一个传说：很久以前，哈尼族村寨里是没有火的，夜晚，村寨被严寒笼罩着，屋里不会发光，屋顶不会冒出炊烟，采来的野菜生

南糯山的哈尼族民居

吃，打来的野兽生嚼，人们在黑暗里生活，在寒冷里度日。直到有个英勇的小伙站出来准备去找火种，他就是阿扎。英勇的阿扎在村寨老人阿波的指引下决定前往石门山取火种。阿扎一路历经艰难险阻，但他一路披荆斩棘，在众多人的帮助下，终于不负众望抵达石门山，并从那凶猛的魔怪身上取下火种，从此哈尼村寨才有了火。为了纪念阿扎不畏牺牲、为人民幸福做贡献的精神，哈尼族人民就把火叫作"阿扎"（《哈尼梯田民间传说故事集》）。由此可见，对于哈尼族来说，火带来的不仅仅是温暖，更是不畏牺牲的勇气与奉献精神。

为了延续火苗的生命，哈尼族将它引入家里一米见方的火塘中，细心呵护，保护它常年不灭。而火塘，其实就是一块在房内用土铺成的土地。以前，人们会在火塘中央搭三块石头，中间放柴，引燃后用它来烧火煮饭。后来，石头被换作更便捷的铁三脚架。火塘四周则围满藤条编织的座凳，正上方还有吊炕从楼檩上垂下，用作熏烤腊肉或者干燥香料的盛放器具。

完成烹煮任务后，为了不让冒着热气的火塘闲置，通常会再在三脚架上放一个盛满水的茶壶，水开，从竹篓里抓一把茶叶置入，任其翻滚沸腾。火塘煮茶最关键的是水一定要沸腾，泡的时间一定要够，否则滋味就不能得以充分展现；

而用茶壶烹煮，是喝生普的最佳方式。在长时间的慢火滋养下，水与茶的碰撞会让你感受到意想不到的味觉惊喜。在哈尼族家里，吃完午饭的时候便将茶煮上，等喝过四五泡之后，再加满水熬煮着，等下午回来时便又可以喝到浓浓的茶汤。

在老班章的火塘边，最常见的茶便是老班章黄片。黄片，指的是在毛料筛选过程中，一些比较粗老、疏松的叶子，颜色是黄绿色，有的偏黑。现在很多人想喝到名山古寨纯料的口感，就从黄片上找，从价格上来说也相对实惠。老班章黄片一般是采用秋茶，与春茶相比少了几分茶气，多了几分茶香，尤其适合在茶壶里熬煮。

金黄透亮的普洱茶汤

哈尼族传统民居中的火塘

松培是和森老班章的创始人和森的妻子，也是地地道道的哈尼族。松培抓过一把老班章黄片放入茶壶里，"茶壶煮老黄片是我们的传统饮茶方式，以前我们这边没有盖碗这些泡茶用具的，现在也会用盖碗冲泡，但还是习惯这样煮着喝，这样煮出来的茶喝下去身体暖和"。在松培看来，在火塘边煮茶不仅仅是为了解渴，更是为了取暖，火塘燃烧着的火焰给身体表面带来温暖，而一杯暖茶下肚带来的则是由内而外的暖意。

松培用铁钩在火塘草木灰里轻轻扒出一个坑，埋入雪白团圆的糯米糍粑，几分钟后，伴随着糍粑受热膨胀、炸裂，外部形成一层金黄色的脆皮花纹，散发出糯米烘烤之后的清香。"这样烤着好吃。"松培说着便鼓起腮帮对着糍粑表面吹一口气，待细密的草木灰迅速飘散之后，便将糍粑递给我们。

烤糍粑软糯香甜，糍粑表面还有着一些吹不走的细细的柴灰，但不妨碍它的可口，反而给其增添了一丝自然的味道。烘烤之后的糍粑带着柴灰淡淡的烟香，外表皮是脆的，里面是软糯的，一口咬下去便有满足之感。再就着喝一口熬煮的老班章黄片，香气浓郁，滋味饱满，瞬间使身体暖和了起来。围坐在火塘边吃着糍粑，喝着烤茶，这才是哈尼族生活的打开方式。

8月份雨天的老班章还是会有一丝的寒意，在

黝黑发亮的烧水壶

火塘边的竹篓里，一只小奶猫探出头，大大圆圆的眼睛打量着火塘旁边的人，逐渐熟悉了火塘边围坐的人之后，从竹篓里跑出来跟大家玩闹。松培说这只小奶猫是孙女养的，她很喜欢猫，小猫怕冷就喜欢睡在火塘周围。

松培的孙女和小猫在火塘旁边玩耍，小小的手捧起小小的猫放在自己的双腿上，对着小奶猫奶声奶气地说着"你要听话哦，不要乱跑……"小奶猫"喵喵喵"地叫着，似乎在回应她。不一会儿，小奶猫又跑到地上伸出小爪子去抓和森孙女的裤子，围在小女孩身旁跑。小猫和小女孩一样都是聪明好动的，玩累了，小猫便窝在火塘边睡觉。火塘里微红的火苗光映着小小人、小小猫，本就是一幅温暖而充满生命力的画面。

在火塘边开启一天的生活，也在火塘边结束一天的生活。如果去追寻哈尼族火塘的更深层次解读，你会惊奇地发现，其实哈尼族的火塘奥秘无穷无尽，它最深层的核心内涵是：对生命的崇拜。这"生命"既是整个民族的生命，血缘家族的生命，又是个人和每个单一小家庭的生命，以及与之相联系的各种生命的延续。火塘上的那壶老班章茶，火塘边的那只小猫，都是其中一种生命的延续。

哈尼族的火塘边，有暖茶，有食物，还有那些耐人寻味、永远都说不完的故事。

哈尼族烤茶，竹与火的艺术

火塘上的茶是哈尼族日常生活的一部分，而烤茶则是哈尼族对茶执着热爱的体现。

烤茶是早些年哈尼族在野外劳作时的饮茶方式。方法是：就地架起一堆篝火，砍一节新鲜竹筒用以盛满清冽的山泉水，架在火上煮，采摘两三根连枝带叶的新鲜茶枝，置于火炭旁，慢慢地边翻动边烘烤，直至散发出一股焦煳味时，用手将烤茶揉碎，装入竹筒内的沸水中，稍煮片刻后即倒出茶水饮用，兼有鲜竹清香和茶叶芳香的妙趣。茶汤苦而回甘，清甜鲜爽。

对于现在的老班章村民来说，外出劳作时都是开车出去开车回来，来回很快也很方便，不存在外出劳作时解渴需要喝茶的情况，但传统的烤茶方式一直延续下来。

清晨，和森出门去茶园，看到路边的竹子便会砍一节带回家中，就着老班章的鲜叶，老班章的泉水，在火塘边慢慢烘烤。或许有人会觉得奢侈，老班章竟然是采用这样的方式来饮用，岂不是暴殄天物。但在哈尼族眼里，无论是老班章还是南糯山都是祖先留给他们的茶叶，而茶是没有贵贱之分的，上万一斤的老班章也好，几百一斤的南糯山也好，只要是茶都可以采用祖先留下的饮茶方式，来探索茶叶的美味。

老班章鲜叶在火炭的烘烤下，散发出其特有的茶香，清香带着花果香，带着山野的气息。鲜叶烤好之后，和森将其揉碎放入竹筒内的沸水中，沸水和茶叶在竹筒里翻腾，茶香也在不断地变化，山野的气息逐渐收敛转而是茶香和竹子混合在一起的清新香。这样的香气是浓郁而饱满的。待茶叶舒展开来时，将茶水倒入杯中饮用，这样的茶汤滋味更加鲜爽清香。

哈尼族烤茶的制作是复杂且困难的。一方面是竹筒的选择，需要选择有一定成熟度的竹筒，这样竹筒的直径够大便于盛放水和茶叶，但又不能选择太过于成熟的竹筒，太老的竹筒所含水分较少在炭火上烤时，水分流失快容易裂开；另一方面是对焙烤茶叶时间长短的把握，这个过程很微妙，要掌控好茶叶的焙烤时间和火力，时间太长或者火力太过会烤焦茶叶，然后使茶汤苦涩难咽；不够火候又会带有鲜叶的青味，茶香难以散发出来。

哈尼族香竹茶

　　烤茶的茶汤颜色金黄浓艳，清香扑鼻，闻之便足以令人垂涎欲滴，喝起来滋味饱满，烘焙香带着鲜叶的鲜爽之感在口腔里萦绕，老班章的茶气混合着竹筒的清香形成了独特的哈尼族烤茶风味。一边吃烤茶，一边看着火上扑腾扑腾煮着的茶水，听着哈尼族老人讲着他们祖先的故事，安逸且充满着烟火气息。

哈尼族蒸茶，被遗忘的饮茶方式

除了烤茶和火塘边的大壶煮茶之外，哈尼族还有一种吃蒸茶的习俗，但这种加工和饮茶方式现在已经很少有人知道了。蒸茶曾经是哈尼族最爱喝的茶，在过去，哈尼族也经常会用蒸茶来招待客人。如今无论是在南糯山还是老班章，蒸茶都已经很难喝到了。

蒸茶的制作方式很简单。哈尼族上山劳作的时候，顺手将老茶叶连同枝条一起掐回家，蒸熟之后晾干储藏起来，之后想要饮用的时候，再将茶叶放入烧开的水中即可，这样既方便饮用，又不影响劳作。有些哈尼族老人也会把蒸熟了的茶叶放到火炭上烘烤至焦，再用手揉碎放沸水中饮用。蒸茶看似普通，但是其实入口甘醇、回味余香，茶喝完了之后会有一阵淡淡的糯米香味，性温醇、香浓郁，而且非常的爽口诱人、沁人心脾。而蒸茶与烤茶相比则更具烘烤香，茶香更加高扬浓郁，茶汤也更加温和饱满。

　　蒸茶采用的是茶鲜叶，与煮茶相比省去了加工成毛茶的步骤，与烤茶相比省去了选择竹筒的步骤，操作起来更加便捷，更易上手。聪明的哈尼人在对茶的饮用方面有着自己的思考和创新，从不拘泥单一喝茶方式，茶在他们的手中绽放出不同的滋味，形成了哈尼族别具特色的饮茶风格。

茶，贯穿了哈尼族的一生

茶在哈尼族的生活中有着举足轻重的地位，每一户哈尼族必须要备有茶叶，客人到家里时要能拿得出茶叶来招待。在哈尼族的生活中，无论是婚恋嫁娶还是祭拜祈福都需要用到茶叶，茶叶融入了哈尼族的生活里面，成为他们不可或缺的一部分。

婚恋嫁娶中的茶

哈尼族男子在求亲所带的礼品中，不能缺少的便是茶叶；而哈尼族姑娘在被求亲时，则需要为前来的客人烧水泡茶。哈尼族的传统婚宴十分热闹，来参加婚礼的每一个人都需要带上米、酒、茶叶。在婚宴时，新郎新娘除了需要向双方父母敬茶之外，还需要向亲朋好友敬茶。女儿出嫁到婆家，父母送她的陪嫁物品中，也少不了要给她带上一点茶叶。

哈尼族新娘过寨门前，长辈为她换上新衣

新生和人生终结时的茶

哈尼族在孩子满月的时候需要举行贺生礼，即在满月当天需要舅舅烧一壶水，泡一杯茶加冰糖让孩子浅尝三口，然后再为孩子唱祝福歌，以祈求孩子今后平安。

此外，哈尼族认为老人辞世是天经地义的事。他们没有生死转世的观念，坚信一个老者的死亡只是肉体的死亡，而他的灵魂则会回到祖先的发祥地与祖先们共同生活，过另外的人生。所以老人辞世后，需要马上点燃三炷香，敬上三碗茶及三杯酒，不管在家停灵多久，都要时时倒茶倒酒，敬奉视如生者，直到死者入土为安敬奉方可结束。

祭祀中的茶

哈尼族崇拜祖先，在他们看来，人虽死犹生，灵魂永存，已故的祖先时时刻刻生活在活人之中，看得到大家的一言一行，一举一动。同时，哈尼族也信奉鬼神，认为万物有灵，在这些认知的支配下，哈尼经常举行祭祀活动，祭祀祖先，祭祀各种各样的神灵。值得注意的是，在很多的祭祀活动中都有茶叶的参与。哈尼族在祭祀过程中会选择茶叶来供奉祖先。由此可见，茶叶在哈尼族心中的位置。而在众多的祭祀活动中，

哈尼族婚礼

有关农作物丰收的祭祀活动都可以看见茶叶的参与。

种谷祭祀：在稻谷长到一尺多高时，选择一吉日，备一只竹篮，内装一只鸡、三个鸡蛋、一壶米酒、一包糯米饭、一包茶叶等作为祭品，到地间的临时棚，然后杀鸡吃，吃完之后砍一根盐酸果树干栽在地里，将装有其他祭品的竹篮挂到树桩上，用这样的祭祀方式祈求谷物茁壮生长。

收谷祭祀：收谷祭祀是在稻谷收割完毕之后进行的。祭祀时，由家长带着米酒、茶叶、饭、鸡蛋等祭品，到地里后，用青叶将祭品包成三包，一式两份，一份拴在谷树下部，另一份拴在上部，中间要相隔两片谷叶，鸡蛋放在谷苗下面。祭祀者割下谷穗，回到家后把祭品和谷穗悬挂在谷仓梁上。这次的祭祀是要把谷魂叫回谷仓，以祈求谷仓的谷物不被老鼠偷食破坏以及来年的丰收。

背运稻谷进仓仪式：地里的谷子收打完毕，再将其背入谷仓收藏之前，需由男家长举行一次背谷进仓仪式，祭祀时需要米酒、茶叶、米饭，用青叶各包一小包，鸡蛋一个。先把谷仓打扫干净，在地上铺三片青叶，将祭品放于其上，再用谷箩装一些新谷，并用祭者的衣服盖好，要背出背进三次，每次背进都要从中抓一把稻谷撒在谷仓内。仪式结束后才能正式将当年新谷运入谷仓收藏，同时也才能正式到谷仓取新粮。

　　在哈尼族千百年来的生活中，茶已经融入生命，融入血液，无论是出生时的祈福礼还是离世时的祭拜，茶都参与了哈尼族的日常生活。哈尼族是一个和茶有着不解之缘的民族，茶在哈尼人生活中不仅仅是不可缺少的饮料，更承载着丰富的物质生活和精神生活的重要内容。从古至今，源远流长，茶和哈尼族的生活息息相关，已经形成了哈尼族特有的茶文化。

哈尼族的茶，哈尼族的酒

俗话说，茶酒不分家，茶和酒都是人类智慧的结晶。人类通过勤劳与智慧的双手，创造出了令无数人沉醉的佳茗与美酒。

在哈尼族的生活里，茶和酒都是必不可少的，都是哈尼族的待客之道，聊天时喝茶，吃饭时喝酒。哈尼族既是喝茶的高手，又是喝茶的好手。西双版纳的哈尼族喝茶以喝普洱生茶为主，自己家茶园里的茶树，自己制作的毛茶，无论是大壶熬煮还是茶水分离冲泡都好喝；喝酒也一样喜欢喝自己家酿制的自酿酒。在他们看来，用自己家的原料，靠自己手艺制作出来的东西才是最天然的。

哈尼族喝酒不受时间和地点的限制，只要家中有酒，有事无事都喜欢喝上几杯。在哈尼族的家里，只要有肉，必定有酒，有"有酒便有肉，酒肉不分家"的说法。如果有宾客来访，主人家做的第一件事情就是给客人斟酒倒茶，主客一同坐在火塘边，一边饮酒一边品茶，别有一番闲趣。

哈尼族的婚礼宴请

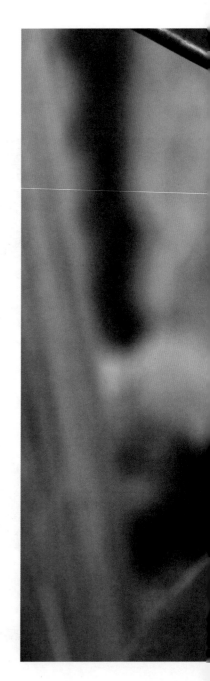

哈尼族自酿酒

炒得一手好茶，酿得一手好酒才是哈尼族最得意的地方。喝酒对于哈尼族来说是一件开心的事情，自己酿酒也是一件很有意思的事情。对于伴山而生的哈尼族来说，自给自足是生活的常态，自己种植水稻、苞谷，自己酿酒。

苞谷酒是最常见的粮食酒，其酿造工序为：将一定数量的优质干苞谷煮至完全熟透，一般以苞谷有破皮为标准，并将这些煮透的苞谷称为酒饭。待酒饭煮好后便摊放在竹制大篾笆之上进行摊晾，待凉透，掺拌上一定比例的酒药（酒曲），酒药也是多用自己土制的。最后，再将这掺拌过酒药的酒饭放进大缸之中，封紧其口让其发酵，封贮15—20天即可蒸烤。如果坚持传统工艺，他们的苞谷酒产量并不高，100公斤苞谷，正常情况下只能酿出60公斤酒。

自酿苞谷酒的特点是开盖喷香，且无刺鼻

刚刚蒸馏出的包谷酒

感，味道醇香；口感好，无涩味，生津回甜，醇厚。自酿的苞谷酒好下口，下口后有一股甜味，虽然苞谷酒度数并不低，一般是52度左右，但入喉没有灼烧感，很舒服，如同老班章茶叶苦过后的回甘，口腔极为愉悦。

从勐海去往老班章的路上，要经过勐混坝子，大片大片的水田是好风景，也是优质水稻的代名词。这些水稻是自酿米酒的原料。哈尼族喜欢吃米，也喜欢自己种植水稻。在山区挖出一片片水田，种的稻谷一部分用来作为日常的主食，另一部分便用来酿酒，而稻草则可以用来搭建房屋，在老班章还没建起一栋栋小洋楼的时候，稻草可是建房的关键材料。这些年虽然有足够的经济条件可以买米，可以建起一栋栋小洋楼，但仍有不少哈尼族继续保持着自己种植水稻的传统。

与酿苞谷酒一样，稻谷酒在原料的选择上也极为讲究，不能用有蛀虫的稻米来酿制，需要选用优质的稻米。稻米有个好处是比苞谷好管理，苞谷更容易被虫蛀，因此如果是泡酒的话一般选用稻谷酒，适口性更好一些。

要酿造一杯上好的稻谷酒，不能急，要慢慢来。先把稻谷煮一道，取出来，待完全凉下来后，撒上买来的酒曲，搅拌均匀后再装进袋子里或者密封性好的竹箩里，盖起来，不能跟空气接触，等待其发酵。发酵完成以后，即可蒸馏。把蒸馏设备清洗干净，发酵好的酒醅倒进蒸煮锅内，放锅底水烧开进行蒸馏即可。蒸酒期间要控制好火候。稻谷酒味道虽比不上茅台酒、五粮液，但其酒味清香纯真，口感柔和、甘润爽口，具有纯香甘醇余味悠长之独特风格，饮后不干不燥、头不痛、喉不痒、口不渴等。

老班章哈尼族村寨的水稻成熟了

老班章茶酒，用最贵的茶来制酒

如果说苞谷酒和稻谷酒代表着哈尼族的勤劳与智慧，那么老班章茶酒代表的便是哈尼族的探索精神与对茶的热爱。我尝过老班章哈尼族茶农和森自己泡的茶酒，是2017年泡的茶酒，泡酒的原料是2008年的老班章夏茶和2016年酿制的苞谷酒，配比是11公斤的白酒配了1公斤的干茶。

老班章茶酒的颜色介于红酒和可乐之间，比红酒的颜色深一些，比可乐的颜色淡一些，细细闻起来有一种独特的香味，类似中药材丁香的气息；同时也有淡淡的茶香，以及一层似有似无的参香。喝起来酒味不浓，已被药香覆盖，带着一点淡淡的茶香，或许是用老班章泡的缘故，喝完之后口腔中有着淡淡的回甘，给人一份醇厚、绵长的愉悦。在广东出差时，一位广东的朋友也有幸品尝到老班章茶酒。这位广东的朋友很骄傲地说："能喝到纯正的老班章便已经很开心了，喝到老班章人自酿的茶酒更是幸运。"老班章茶经过酒的浸泡之后，茶的霸气之感稍有褪去，但茶的醇厚却凸显了出来，茶香混着酒香确实别有一番风味。

不管是苞谷酒，还是稻谷酒，在云南的山区都是最普遍的酒，也是比较平价的酒，但富裕起来的老班章人对这杯从价格上来说不起眼的酒却看得格外重，其在心底的分量远不是外界的那些瓶装品牌酒所能比拟的。尽管生活富裕起来，但在哈尼族的精神世界里茶才是永远的财富，大山里的茶树才是祖辈留给他们的安身立命之本。

淳朴聪明的哈尼族，用粗实有力的脚踩出了一条条山道，用勤劳结实的双手托起了收获美好的希望。只要是闲暇之时，他们总会约个伴，摆出家中的好酒各自斟满一杯。侃侃农事，聊聊最近的生活。闲谈间不忘轻轻碰响酒杯，让这些醇醇的甘露在他们的热血里自由流淌。哈尼族逢喜事、逢客到桌上必摆酒。酒是哈尼族必不可少的生活必需品。他们虽无"人生得意须尽欢"的诗情雅致，却有山里人借酒欢愉的景致。一杯酒足以洗去一日的疲劳，同时也注满了对明日的美好向往。

酒，也是哈尼族的待客之物，不管你是外乡贵客还是邻里亲朋小伴，不论走到哪家，当你坐下时主人都会给你满上一杯自家的烤酒，邀你小酌两杯。远在广州的朋友常常说喜欢去哈尼族村寨收购原料，因为哈尼族都很真诚很热情，也喜欢哈尼族的自酿酒，一杯甘露，足以让你沉浸在浓浓的情意里，拉近了彼此的距离，哈尼族人懂茶也懂酒。通过酒传递彼此的友谊，用酒搭桥，以茶会友，情融于酒，酒寄于情。

茶则是祖辈留给哈尼族的财富，山上的一片绿叶子通过哈尼族人的智慧与勤劳将其变成了一片金叶子。依靠着大山中茶树生活的民族，对茶有着特殊感情，他们对茶的热爱是发自内心的，对茶的执着也是发自内心的，对于茶树就像自己的孩子一样对呵护去管理，与茶相关的一切他们也会去学习去探索。茶叶给他们带来的不仅仅是财富上的改变更是精神上的改变，在茶里面找到安身立命之本。

茶树花果同枝

哈尼族特色饮食

哈尼族喜欢吃稻米，因此在老班章可以看到大片的稻田，在元阳可以看到大片的梯田，也因此创造了中国农田史上的"梯田文化"。哈尼族伴山而居，饲养家禽（多为猪、鸡、牛、羊），蔬菜也是自家种植的，或者是上山采摘野菜。因此，哈尼族的饮食也独具特色。

鸡肉稀饭：在哈尼族的饮食文化里，鸡肉稀饭不仅仅是日常生活中常见的食物，更是用来接待远道而来的客人的必备佳肴。听起来简单，但鸡肉稀饭做起来一点也不容易。首先需要将鸡肉切成小块洗净，放入火塘三脚架上的锅中熬煮，待水沸时，再放入大米、野菜以及其他的辅料。用大火烧煮，直至鸡肉熟透，大米呈黏稠状，熬好这样一锅看似简单的鸡肉稀饭，需要耗时一个下午，如果算上采摘野菜和杀鸡的时间则需要花费的时间更久。

鸡在哈尼族生产生活中占有很重要的位置

冬瓜猪：冬瓜猪又被称为"油葫芦"或"细骨猪"。冬瓜猪是云南省唯一的，由西双版纳本土野猪驯化而来的本地猪种。在西双版纳半山而居的哈尼族将其散养在丛林中，让其食用树叶和青草，因此肉质也更为鲜嫩。烤冬瓜猪是一道特色的版纳美食，也是哈尼族的待客美食。烤冬瓜猪首先要将冬瓜猪肉洗净，配以小米辣、大蒜、姜、盐、胡椒、花椒腌制约5—6小时；腌好后放到已经加热的炭火上慢慢烘烤，当烤到滋滋滴油、肉冒清香时，便将烤肉装盘。品尝的时候还可以配上事先拌好的干辣椒面、香料等，香辣适宜，肉香饱满，回味丰富。

芭蕉心菜：哈尼族叫"阿罗我欠"，是婚礼酒席上的必备之菜。参加婚礼的每个人第一口吃到的菜必须是芭蕉心菜。芭蕉心菜制作简便，先取芭蕉树的嫩心或根切成块状，用清水煮熟，待凉后加上盐巴及少许冷饭，拌好后装入坛内腌酸后即可食用。在酒席上，则必须用芭蕉叶作碗盛装。

糯米粑粑：哈尼族喜欢吃稻谷，同时也喜欢吃稻谷加工而成的食物，糯米粑粑便是其一。同时，糯米粑粑既是哈尼族祭神敬祖的神圣贡物，又是哈尼族一切大小节日里不能缺少的佳品。糯米粑粑同茶、酒一起，并列为哈尼族祭祀神灵的三大贡物，是每个哈尼族一生中都不能缺少的。制作糯米粑粑，要先将清水浸泡过的糯米蒸熟，之后放入木堆窝里舂，舂糯后再炒一小锅芝麻籽撒在糯米上，搓匀后再揉成圆饼的粑粑形状。

在哈尼族看来，糯米粑粑不但是沟通人与神灵的桥梁，也是维系人间情感的纽带，在哈尼族的节日里，不论客人来自何方，只要到哈尼族家里，他们首先会以糯米粑粑款待你，离别时还少不了送几块用清香的芭蕉叶包好的粑粑；出嫁的姑娘回娘家时，双方家里也会互送糯米粑粑，表达问候。